很早很早的老祖宗智慧

刘文◎编著

中国纺织出版社

内 容 提 要

遍看《论语》《道德经》《菜根谭》《资治通鉴》《增广贤文》《弟子规》等古籍，其中不乏关于为人、交友、读书、治家等人生重要问题的精彩智慧点拨，虽远隔千年，但置于当下，随时读来，仍如醍醐灌顶。弱水三千，取其一瓢，本书撷取老祖宗一代代人从亲身体验中总结出的实用智慧，加以深入解读，为当代人提供立身做人的正能量。

图书在版编目（CIP）数据

很早很早的老祖宗智慧/刘文编著．—北京：中国纺织出版社，2015. 3（2024.1重印）

ISBN 978 -7 -5180 -1308 -1

Ⅰ. ①很…　Ⅱ. ①刘…　Ⅲ. ①人生哲学—通俗读物

Ⅳ. ①B821 -49

中国版本图书馆 CIP 数据核字（2014）第 299850 号

责任编辑：李伟楠　　责任印制：储志伟

中国纺织出版社出版发行

地址：北京市朝阳区百子湾东里 A407 号楼　邮政编码：100124

销售电话：010—67004422　传真：010—87155801

http：//www. c-textilep. com

E-mail：faxing@ c-textilep. com

中国纺织出版社天猫旗舰店

官方微博 http：//weibo. com/2119887771

永清县晔盛亚胶印有限公司印刷　各地新华书店经销

2015年1月第1版　2024年1月第3次印刷

开本：710 × 1000　1/16　印张：18

字数：236千字　定价：54.00元

用老祖宗的智慧指引自己当下的生活

老祖宗的智慧如此久远，是否还适合现在的社会呢？

如我们现代人一样，古圣先贤思考的是人类的终极话题——关于人生，关于幸福，关于智慧，关于永恒。其实，这些问题的答案就在我们每日的求学问道、交友、处世以及修身养性中。

人的一生忙忙碌碌，当繁华褪去，最幸福的也莫过于做好这四件事。

一

求学问道是人生初始之事，也是贯穿我们一生的状态。近代国学大师王国维认为凡成大事、大学问者要经历三个境界。

第一境界为“昨夜西风凋碧树，独上高楼，望尽天涯路”。

少年时代的我们看前路茫茫，冠冕堂皇地说着从书中看来的大道理，试图掩盖自己的幼稚。这有什么呢，谁的青春不迷茫？求学问道之路也是如此。哪条路上的风景我们都想看一看，闯一闯，不要责备我们走得不长、不坚定，其实只有看过了许多的风景，我们才能找到真正适合自己的求学问道之路。

第二境界是“衣带渐宽终不悔，为伊消得人憔悴”。

当走过了许多的道路，经历了坎坷或者平坦，我们静下心，细数握在手中的经验和教训，此刻剩下的是对远方的期许，于是刻苦地钻研，执着地追求“道”，认准目标，头也不回地走下去。

第三境界是“众里寻他千百度，蓦然回首，那人却在灯火阑珊处”。

经过无数的磨炼，积攒了一身的实力，举手投足间功力尽显。这不只是一种厚积薄发，更是一种豁然开朗。求学问道到最后才发现，“大道至简”，事物的本质就是藏在“灯火阑珊处”那些最简单的道理。

二

人生最幸福的事是能交几个知心的挚友，而“素交”是结交朋友最高的境界。

“素交”是钱锺书先生提出的，说的是那些没有任何利益关系的友情，不管是物质上还是精神上。所谓“君子之交淡如水”，彼此间的利益越淡，感情越浓。

素交之友在一起，感受到的是发自内心的喜悦和愉快。如若没有这种快乐，即使对方具备“友直、友谅、友多闻”这些所有适合做朋友的条件，你们之间也不会产生友谊。

哲人的一句话用来形容素交之友再合适不过：它“在不知不觉中，爬进了你的生活中”。所以，这样的友情不可强求，我们自己不要抱着工具的心态来交友，才有可能遇上真正的素交之友。

三

佛家讲“心生万物”，你看到的世界即是你心中的世界。人生如参禅，心的改变牵动着世界的变化。

看山是山，看水是水。

涉世未深，我们对世间万物充满期许，并且执着地相信所看到、所听到的就是真实。山即是山，水即是水，对此，我们深信不疑。我们像宗教教徒一样相信世界是按照某种我们认为正确的规则运行的。

看山不是山，看水不是水。

然而，在社会上走得久了，发现现实好像不是我们认为的那样，在表象下面还有真相，而我们所见又并非真正的真相。原本被奉为真理的规则坍塌了，沮丧和怀疑随之而来。山不再是那个山，水不再是那个水，一切好像都不再是单纯意义上的事物，似乎有些别的什么意味。

看山是山，看水是水。

是就此抱怨社会、怀疑人生还是做出改变？世界是我们没法改变的，但我们可以改变自己的心态。放下原本固执的想法，用心思考你看到的世界，理性地、多角度地观察和接纳现实。经历了万千世事后，原本模糊的世界又

清晰起来，我们对世界有了更深的认识，自己的追求和生活的意义也了然于胸。我们猛然发现，山还是山，水还是水，但已与出发时的不同。

四

求学问道、交友以及处世，都要以自身的修炼为前提。曾国藩效仿古人修身的四点，即“慎独则心泰，主敬则身强，求仁则人悦，思诚则神钦”。

一是“慎独”。在众人面前做一个君子不难，难的是独处时仍然能以君子的标准要求自己。每个与自己独自相处的时刻，多多反思和反省，忏悔也能带来生命的正能量。曾国藩一生都把反思作为重要的功课，告诫自己要“知命、惜福”，每天都给自己提出更高的要求。

二是“主敬”。人要有敬畏之心，现在的很多人没了信仰，没了畏惧，邪念渐生。“不怕念起，就怕觉迟”，内心有邪念不怕，重要的是你怎样对待它。

三是“诚”。没有什么事情担心被人发现，活得坦荡荡。

四是“求仁”。遇事总是按仁义的方法处理，别人就喜欢你。

现代人常常把“有用”作为判断一件事是否值得做的标准，因此把修身养性这种无法短期见效的行为视作“无用”。然而，曾国藩就是因为一生都没有放弃修身才最终取得了惊世的成就。

杨绛先生说：“我们曾如此渴望命运的波澜，到最后才发现，人生曼妙的风景，竟是内心的淡定和从容。”

和老祖宗对话求学问道、交友处世、修身养性的智慧，以求达到心灵的淡定和从容，这正是我们编著这本书的缘起和期待。

《很早很早的老祖宗智慧》，等你读厚，再读薄。

编著者

2014 年 11 月

目录
Contents

第一章　修身养性，厚德载物是安身立命的根本

第二章 自省自察，一日三省是洞明人生的方法

第六章　虚怀若谷，质朴真诚是规矩做人的本义

第七章　达观自然，放低姿态是乐天知命的大慧

第八章 谨慎择友，识人于微是为人处世的法宝

第九章 避实就虚，以静制动是顺乎自然的道理

第一章

修身养性，厚德载物是安身立命的根本

“聪明” 勿过

且以巧斗力者，始乎阳，常卒乎阴，泰至则多奇巧。

——《庄子》

【智慧品读】

有一对夫妻开了家烧酒店。丈夫是个老实人，为人真诚、热情，烧制的酒也好，人称“小茅台”。有道是“酒香不怕巷子深”，一传十，十传百，烧酒店生意兴隆，常常供不应求。看到生意如此之好，夫妻俩便决定把挣来的钱投进去，再添置一台烧酒设备，扩大生产规模，增加酒的产量。这样，一可满足顾客需求，二可增加收入，早日致富。

这天，丈夫外出购买设备，临行之前，把烧酒店的事都交给了妻子，叮嘱妻子一定要善待每一位顾客，诚实经营，不要与顾客发生争吵……

一个月以后，丈夫外出归来。妻子一见丈夫，便按捺不住内心的激动，神秘兮兮地说：“这几天，我可知道了做生意的秘诀，像你那样永远发不了财。”丈夫一脸愕然，不解地说：“做生意靠的是信誉，咱家烧的酒好，卖的量足，价钱合理，所以大伙才愿意买咱家的酒，除此之外还能有什么秘诀?”

妻子听后，用手指着丈夫的头，自作聪明地说：“你这榆木脑袋，现在谁还像你这样做生意。你知道吗？这几天我赚的钱比过去一个月赚的还多。秘诀就是，我往酒里兑了水。”丈夫一听，肺都要气炸了，他没想到，妻子竟然会往酒里兑水，他冲着妻子大吼了一句，就把屋内剩下的酒全部都倒掉了。他知道妻子这种坑害顾客的行为，将他们苦心经营的烧酒店的牌子砸了，他知道这意味着什么。

以后，尽管丈夫想了许多办法，竭力挽回妻子给烧酒店信誉所带来的损害，可“酒里兑水”这件事还是被顾客发现了，烧酒店的生意日渐冷清，后来不得不关门停业了。

一时的机心自用，不仅毁了夫妻二人的平静生活，还使得自家的信誉一去不返，烧酒店最终的停业无疑是在为妻子的一时贪图在买单。

世人常因自己的聪明才智而自命不凡，投机取巧，最后葬送的往往是自己。其实中国历代先贤一贯反对卖弄世智辨聪。春秋战国之际，善于奇谋异术的高人，一个比一个高明。然而，那个时代的局势也特别动荡不安，人命危如累卵，随时都有被毁灭的可能。因此先贤教诲："绝圣弃智，民利百倍。"人们只有不卖弄聪明才智，才会有和平安静的生活。

古人云："且以巧斗力者，始乎阳，常卒乎阴，泰至则多奇巧。"一个人如果总是用心机去对待身边的人和事，迟早会遭到别人的打击报复，即使别人一时报复不了你，你也会殚精竭虑，谋划保护自己的各种措施，以致劳神伤心而多病。如果你想要的东西始终得不到，又会陷入欲望不能满足的泥潭中。以这样的心态做人做事，往往得不偿失，让自己抱憾一生。

古往今来，不少人处世用尽心机，或者聪明太盛，结果身心反为之所累，甚至因此招来杀身之祸。苏东坡在其《洗儿》一诗中这样写："人皆养子望聪明，我被聪明误一生。唯愿孩儿愚且鲁，无灾无难到公卿。"苏东坡对自己一生因聪明而受的苦真是刻骨铭心，以至于希望自己的儿子愚蠢一点儿，以求躲避各种灾难。

所以，为人处世千万不可被聪明所误，过于聪明正是许多人的痛苦之源。人人都玩弄聪明才智，只会让世界繁杂凌乱，绝圣弃智，才能朴实安然地生活。

不以身外之物丢弃自我

吾君好正，段干木之敬。吾君好忠，段干木之隆。

——先秦歌谣

战国时，段干木学成自孔子的弟子子夏，是当时很有名的学者。尽管他

很有才能，但他始终不愿做官。魏国国君魏文侯曾经登门去拜访他，想授给他官爵。段木干却避而不见，越墙逃走。他这一举动不仅没有惹怒魏文侯，反而让魏文侯更加敬重他。从此以后，魏文侯每次乘车路过他家门时，都下车扶着车前的横木走过去，以表示对段干木的尊敬。

魏文侯的车夫对此十分不解，便问："段干木不过一介草民，您经过他的草房表示敬意，他却置之不理，这样未免有点太过分了吧？"

魏文侯答道："段干木是一位贤者，他在权势面前不改变自己的原则，是有君子之道的表现。他虽隐居于贫穷的里巷，而名声却远扬千里之外，我经过他的住所怎敢不对他表示敬意呢？他因有德行而取得荣誉，我因占领土地而取得荣誉；他有仁义，我有财物。土地不如德行，财物不如仁义。这正是值得我学习、尊敬的人，所以我再怎么表达敬意都不为过。"

后来，魏文侯见到了段干木，诚恳地邀请他任国相，段干木谢绝了。但他们却通过一次倾心交谈，成为莫逆之交。

没过多久，秦国想兴兵攻打魏国，司马唐雎向秦国国君进谏道："段干木是贤人，魏国礼遇他，天下没有不知道的。像这样的国家，恐怕不是能用军队征服的吧！"秦国国君觉得有道理，于是按兵不动，魏国因此逃过一劫。

段干木对功名富贵的厌恶，是他追求洒脱的独特个性和儒家道德规范融合的结果。他虽然终身不仕，然而又不是真正与世隔绝的山林隐逸一流，而是隐于市井穷巷，隐于社会底层的平民百姓中，进而"厌世乱而甘恬退"，不屑与那些趁战乱而俯首奔走于豪门的游士和食客为伍，使倾覆之谋"浊乱天下"，为战争推波助澜，这样的一种选择，实际上也是另外一种忠诚。

如今一个人选择洁身自好，已不仅是践行学养的问题了。因为栖守道德在今天是修养的需要，也是一个人把握机遇、追求恬淡美满人生的需要。在这个繁忙的时代，一个能够坚守道德准则的人，也许会寂寞一时；一个依附权贵的人，可能得意一时。前者之所以能耐住寂寞是因为他们考虑到死后的千古名誉，而后者只想抓住眼前的浮云，所以才会失去人生的坚守，落得万事凄凉。古代伯夷、叔齐拒食周粟，虽然他们的死亡不着一字，但在人们的敬仰和传唱中却尽得风流。

现实生活中，有些人因为难以抵制物欲的诱惑，使自己踏上人生不归路，留下终生遗憾。人的修养是一个漫长的坚持和追求的过程，一桶牛奶中倒进一杯脏水就成了一桶脏水，人一旦放弃了自己操守的坚持，就容易自暴自弃，从而抛弃自己最珍贵的东西。所以，人应该坚持自己的道德底线，哪怕我们孤身一人，至少我们没有为了终究会散去的身外之物丢弃自我。

保持“初心”，淡定处世

非淡泊无以明志，非宁静无以致远。

——诸葛亮《诫子书》

【智慧品读】

做人和做菜一样，宜淡不宜浓，淡中现出真趣味，淡中现出平常心。再美味的食物，一日三餐不离口总会吃腻的；过于特立独行的人，往往因为太过特殊而不合于群。世界上最可口的食物不过是家常菜，德行完美的圣人不过是普通人。

我们生为凡人，不要幻想生活总是那么圆圆满满，也不要幻想在生活的四季中永远享受春天，并不是谁都可以轰轰烈烈一辈子，每个人的一生都注定要跋涉沟沟坎坎，品尝苦涩无奈，经历挫折与失意。

有一天，齐国储子问孟子说：“齐王时不时地会派人来拜访先生，想必您一定有卓尔不群的地方吧？”孟子笑着答道：“难道尧舜比一般人多一双手脚吗？连圣人先贤都没有与别人不同的地方，更何况是我呢？”

在孟子的心目中，圣人和我们也没有什么不同。说到底，我们都是常人，即使已身居高位、拥有万贯家财，我们也应保持一颗“初心”和一种平和的心态。记住了自己是常人，才会有一颗常人心。这样，无论面对的是挫折还是惊喜，我们都会以一种平和的心态看待，从而避免绝望和自满。

在漫漫人生旅途中，失意并不可怕，受挫也无须忧伤。大诗人苏东坡受“乌台诗案”之冤，险些丢掉性命，被贬为黄州团练副使，不得签署公事。即使身处如此逆境，苏东坡依然旷达如旧，在赤壁的月夜写出了脍炙人口的《前赤壁赋》：“寄蜉游于天地，渺沧海之一粟，哀吾生之须臾，羡长江之无

穷。”把自己摆到宇宙之中，不过是一粒尘埃，又有什么必要斤斤计较呢？落英在晚春凋零，来年又灿烂一片；黄叶在秋风中飘落，春天又焕发出勃勃生机。艰难险阻何尝不是人生给我们的另一种形式的馈赠。受得这份馈赠我们的心境才能成熟洒脱。

古往今来，多少人争名于朝，争利于市，互相倾轧，或可逞快意于一时，可是人之于宇宙，不过是一个过客而已。宋人曾有诗云：“人生有酒须当醉，一滴何曾到九泉。”虽然稍显消极，但是有一定道理。所以在对生活的态度上，可贵的是有一颗平常心。

田子方陪伴魏文侯时，总是情不自禁地称赞溪工。文侯十分好奇，便问：“溪工为何总能得到你的赞赏？他是给过你帮助的导师吗？”田子方说：“他只不过是我的邻居罢了，但他的言论和谈吐值得我称赞他。”文侯又问；“那你的老师是谁？”田子方说：“东郭顺子。”

“那你为什么不曾称赞过他呢？”文侯十分惊讶地问。

田子方回答：“他相貌普通，但内心合于自然，能顺应外在事物而且能保持固有的真性情，心境清虚宁寂能包容外物。另外，如果遇到外界事物不能符合‘道’的，他便严肃指出使之醒悟，从而使别人的邪恶之念自然消除。对于这样一个真朴自然的导师，我一个做学生的能够用什么言辞概括他的品德呢？”

田子方的一番话让我们明白，任何华丽的修饰词都没有资格装饰一个人平和自然的境界。在现实生活中，无论是功成名就的企业家，还是德高望重的大师学者，他们都是在平凡中实践人生理想的。

身为普通人更是如此，只有在平凡之中才能保留人的纯真本性，心态平和地对待人生，才能在平平淡淡中品味人生百味，解生活烦腻，进而在平凡中显出英雄本色。如诸葛亮《诫子书》中所言，一个人要清心寡欲才能“明志”，要平心静气才能“致远”。

这种洒脱的人生，不是玩世不恭，更不是自暴自弃。洒脱是一种思想上的轻装，洒脱是一种目光的朝前。洒脱的人才不会终日郁郁寡欢，洒脱的人才不觉得人生很累。懂得了这一点，我们才不至于对生活求全责备，才不会在各种困难的打击之下彷徨失意。懂得了这一点，我们才能挺起刚劲的脊梁，披着温柔的阳光，找到充满希望的起点。因此，我们应时时保持平和的心态和洒脱的胸襟，让自己活得轻松快乐并充满希望。

见利不忘义

义者，天理之所宜；利者，人情之所欲。

——朱熹

【智慧品读】

朱子说：“义者，天理之所宜；利者，人情之所欲。”“天理之所宜”是说：对于讲道义的人，不管自己喜欢与否，只要是符合道义的事情，就要去做，而且要做到最好；不符合道义的事，就算自己再怎么喜欢也不能做。能见利而先思义，在利益面前不为之所动，是君子；见利忘义，抛弃仁义道德，便是为人所不齿的小人。

避免利欲的骚扰，才能使自己的品德得到提高。如果过分贪图利益，勤者成为财富的奴隶，而俭者则成为吝啬鬼。所以，真正的君子，无论是封建帝王，还是平民百姓，强调的都是德行，而不是私利。

有一位老锁匠，一生修锁无数，技艺高超，平易近人，深受人们敬重。渐渐地，老锁匠年纪大了，为了不让自己的技艺失传，他决定为自己物色一个接班人。最后老锁匠挑中了两个年轻人，准备将一身技艺传给他们。一段时间以后，两个年轻人都学会了不少东西。但两个人中只有一个能得到真传，老锁匠决定对他们进行一次考验。

老锁匠准备了两个柜子，分别放在两个房间里，让两个徒弟去打开，谁花的时间短谁就是胜者。结果大徒弟只用了不到十分钟就打开了柜子，而二徒弟却用了半个小时，众人都以为大徒弟必胜无疑。

老锁匠问大徒弟：“柜子里有什么？”大徒弟眼中放出了光亮：“师傅，里面有很多钱，全是百元大钞。”老锁匠问二徒弟同样的问题，二徒弟支吾了半天说：“师傅，我没看见里面有什么，您只让我打开锁，我就只打开了锁。”

老锁匠十分高兴，郑重宣布二徒弟为他的正式接班人。大徒弟不服，众

人不解，老锁匠微微一笑说："不管干什么都要讲一个'信'字，尤其是我们这一行，要有更高的道德操守。我收徒弟是要把他培养成一个高超的锁匠，他必须做到心中只有锁而无其他，对钱财视而不见。否则，心有私念，稍有贪心，登门入室或打开柜子取钱易如反掌，最终只能害人害己。我们修锁的人，每个人心上都要有一把不能打开的锁。"

老锁匠的话着实耐人寻味，他把道德作为选择接班人的最终标准，所以二徒弟虽比大徒弟才能差，但最终因为品德高尚而被师傅选为接班人。

仁义道德是一种境界，是一种追求，也是一种力量，它能使人无往而不胜。人生的成就往往是与德行的修养成正比的，要想取得事业上更大的成功，就必须注意自己的德行修养。做人切不能打着仁义道德的幌子，为自己谋取私利，那不是修养德行，而是将道德作为一种工具，是小人的行为。

摆脱"机心"，行事戒贪

感时嗟事变，所得不偿失。

——苏轼《和子由除日见寄》

人之所以不满足是因为有了贪欲。人的欲望就像一个无底的黑洞，永远没有填满的一天。一个人即使赚了亿万财富，如果心被贪欲驱使，那么在生活中也享受不到富足的快乐。因为有欲望的人是刚强不起来的，只有"无欲"才能刚。无欲才能真正刚正，这样的人方能屹立于天地之间。

人的心里往往藏有势利的种子，因为势利才产生"机心"。从某种意义上说，势利就是一种欲望。欲望越多，痛苦也越多。贪心不足蛇吞象，想想蛇吞象的样子，会是一种什么感受？咽不进，吐不出，要多别扭有多别扭。什么都想要，最后什么也得不到，反而一辈子将自身置于忙忙碌碌、钩心斗角之中。这样活着，未免太累！

从前，有两位很要好的人，决定一起到遥远的圣山朝圣。两人背上行囊，风尘仆仆地上路，发誓不达圣山朝拜，绝不返家。他们走了半个月之后，遇见一位白发年长的圣者。这圣者看到两位如此虔诚的人千里迢迢要前往圣山朝圣，就十分感动地告诉他们："从这里距离圣山还有十天的脚程，但是很遗憾，我在这十字路口就要和你们分手了。在分手前，我可以满足你们的愿望，只要你们当中一个人先许愿，他的愿望一定会马上实现；而第二个人，就可以得到那愿望的两倍。"

此时，其中一人心里想："这太棒了，我已经知道我想要许什么愿，但我不要先讲，因为如果我先许愿，他就可以得到双倍的好处，而我就吃亏了。"而另外一个人也自忖："我怎么可以先讲，让我的朋友获得加倍的好处呢?"于是，两个人就开始客气起来。"你先讲嘛!""你比较年长，你先许愿吧!""不，应该你先许愿!"

两个人"客套"地推辞一番后，开始不耐烦起来，语气也变了，"你干吗！你先讲啊!""为什么我先讲？我才不要呢!"推到最后，其中一人生气了，大声说道："喂，你这个人真不知好歹，你再不许愿的话，我就把你的狗腿打断，把你掐死!"

另外一人没有想到他的朋友居然变脸，并且恐吓自己！于是想，你这么无情无义，我也不必对你太有情有义！我没办法得到的东西，你也休想得到！于是，这个人干脆把心一横，狠心地说道："好，我先许愿！我希望我的一只眼睛瞎掉!"这个人的一只眼睛马上瞎掉，而与他同行的好朋友也立刻两只眼睛都瞎掉了！

这个故事中的两个人的下场多么可悲，而导致他们悲惨结局的恰恰是他们心中那种挥之不去的欲望。

人生的许多沮丧都是因为人们得不到想要的东西。有一句话说得好："许多人想得到更多的东西，却把现在所拥有的也失去了。"苏轼也曾经说过"感时嗟事变，所得不偿失"，这个故事可以说是对得不偿失最好的注解了。

其实，人人都有欲望，都想过美满幸福的生活，都希望丰衣足食，这是人之常情。但是，如果把这种欲望变成无止境的贪婪，那我们就在无形中成了欲望的奴隶。在欲望的支配下，我们不得不为了权力、地位和金钱而削尖了脑袋。

我们常常感到自己非常累，但是仍觉得不满足，因为在我们看来，很多

人比自己生活得更富足，很多人的权力比自己大。所以我们别无出路，只能硬着头皮往前冲，在无奈中透支着体力、精力与生命。

与其这样，不如淡去心中的欲望，向孔子的学生颜回学习，多加强自身能力和精神境界的修为，只有这样超然物外，不把功名利禄看得太重，才能摆脱尘世间俗物的束缚，让生活循序渐进地好转，我们也不必为了满足欲望而深受负累，从而轻松自在地享受人生。

取财有道， 不义莫贪

君子爱财，取之有道。

——胡雪岩

【智慧品读】

凡事有因才有果，世间没有不劳而获的道理，致富求贵也不例外。我们希求富贵，但富贵不会从天上掉下来。首先制造财富是一个人的义务，然后享受财富才会是人的权利。

这正像有人说过的一句话：“人活着的每一天，都应该努力去追求财富。只要创造的财富是正大光明的，这个人就会得到别人的尊敬与赞扬。”可见虽然人人梦想富贵，但所谓“君子爱财，取之有道”，富贵如果来得名不正言不顺，就会像花盆、花瓶中的花一样，迟早会凋谢。而且从天而降的富贵和来路不正的富贵往往会让得到的人失去更多。

传说有个名叫王妄的人，虽然穷困潦倒，但心地善良。这个人三十余岁仍一无所成，也未娶妻，靠卖草维持生活。

有一天，王妄到村北去打草，发现草丛里有一条七寸多长的花斑蛇因为受了伤，动弹不得，王妄遂救了此蛇，带回家中。蛇苏醒之后，为了表达感激之情，向王氏母子俩颔首点头。王氏母子见状非常高兴，为蛇编了一个小荆篓，小心地把蛇放了进去。从此王氏母子精心照顾小蛇，蛇慢慢长大了。

此时，宋仁宗当政，仁宗整天不理朝政，对宫内生活深感枯燥，想要一颗夜明珠赏玩，公告天下谁能献上一颗，就封官受赏。王妄听闻此事，回家对蛇一说，蛇沉思了一会儿说："这几年来你对我很好，而且有救命之恩，我总想报答，可一直没机会，现在总算能为你做点事了。实话告诉你，我的双眼就是两颗夜明珠，你将我的一只眼挖出来，献给皇帝，就可以升官发财，老母也就能安度晚年了。"

王妄听后非常高兴，可他毕竟和蛇有了感情，不忍心下手，说："那样做太残忍了，我不能那样做。"蛇说："不要紧，我能挺住。"于是，王妄挖了蛇的一只眼睛，把宝珠献给皇帝。宝珠在夜晚能够发出奇异的光彩，把整个宫廷照得通亮，皇帝非常高兴，封王妄为大官，并赏了他很多金银财宝。

皇上得到宝珠后，娘娘也想要一颗，于是宋仁宗下令寻找另一颗宝珠，并说把丞相的位子留给第二个献宝的人。王妄遂起了歹念，想要蛇的另一只眼睛。于是他回到家中去找蛇商量，但是蛇无论如何不给，劝说王妄道："我为了报答你，已经献出了一只眼睛，你也升了官，发了财，就别再要我的第二只眼睛了。人不可贪心。"

王妄早已鬼迷心窍，根本不听劝，说："我不是想当丞相吗？你不给我我怎么能当上呢？况且皇帝已经允诺我了，如果我不把你的眼睛交出去，如何向皇帝交代？帮人帮到底，你就成全我吧！"他执意要取蛇的第二只眼睛，蛇见他变得这么贪心残忍，只好说："那好吧！你拿刀子去吧！不过你要把我放到院子里去再取。"王妄闻言心中一喜，立刻将蛇放到院子里，转向回屋取刀子。等他出来剜宝珠时，蛇已变成了大梁一般粗，一口将这个贪心的人吞了下去。

这个故事虽然带有几分鬼神气息，但是对王妄的刻画却入木三分。贫困时，他能保持善良的品格，富贵时，却在贪婪的泥沼中越陷越深，直到他为此付出生命。实际上，王妄正是那类为了富贵而丧失道德的人的一个缩影。和那类人相比，那些让财富、权贵长在道德的阳光之下的人，虽然苦心一辈子，也不一定能飞黄腾达，但至少富贵挣一分是一分，不仅用得心安理得，还会让生活细水长流。

在我们生活的这个时代，道理和古时候是一样的。我们想要得到财富，想要过上好生活，就必须自己动手，坚守道德。只有在付出辛勤努力的同时不逾越道德的底线，我们才能收获甜美的果实。

为善不求回报

上善若水，水善利万物而不争。处众人之所恶，故几于道。

——《道德经》

【智慧品读】

做善事的最高境界和水的品格是一样的。水能够滋润世间万物，但从来都与世无争。水往低处流，它永远处在大家都不愿意待的地方，默默地付出，这也成就了它包容的品格。因此，极致的善就应该像水一样，不应该总将善行记挂在心，也不应该对外宣扬。

《聊斋志异》中有这样一个小故事。一个读书人做梦去参加考试，主考官是关公。关公发下题目，他一挥而就。其中卷子里有这样几句话："有心为善，虽善不赏。无心为恶，虽恶不罚。"读书人认为，一个人"有心"地去做好事，表现给别人看，或表现给鬼神看，虽然是好事，也没有什么值得奖励的。又例如一个人在扔掉一把不好用的旧刀时不小心伤了人，他并没有存心要伤害对方，虽然是一件坏事，也不该处罚。关公读到此处，拍案叫好，对这个书生也赞赏有加。

这则故事启发我们，一个人如果为了获得赞扬或者私利而施人以帮助，虽然表面上看是好事，最终也不过是伪善。这个故事同时也说明了，故意为善不是善，只有发自内心地做善事，并且不留痕迹，才是真的存善心。

善事是一个人应该做的，不能为了让别人知道才这样做。为了好名声而做善事，那就不算是真正的善事，而那些付出了就苛求别人回报的行为和故意做样子的行为相比，更为可耻狭隘。事实上，当我们不计回报地真心去做善事时，回报反而是超乎意料之外的。

古镇上有一家菜摊，平时顾客不多，因为这里的人都比较穷而买不起菜。不过，经常有些穷人家的孩子来这里转悠。虽然他们只是玩，可摊主还是像对待大人一样与他们打招呼。

“孩子们，今天还好吧？”

“我很好，谢谢。老板，这些土豆看起来真不错。”

“可不是嘛。你妈妈身体怎么样？”

“还好，一直在好转。”

“那就好。你想要点什么吗？”

“不，先生。我只是觉得你的土豆很新鲜！”

“你要带点儿回家吗？”

“不，先生。我没钱买。”

“用东西交换也可以呀！”

“哦……我只有几颗赢来的弹球。”

“真的吗？让我看看。”

“给，你看。这是最好的。”

“看得出来。嗯，只不过这是个蓝色的，我想要个红色的。你家里有红色的吗？”

“当然有！”

“这样，你先把这几个土豆带回家，下次来的时候让我看看那个红色弹球。”

“一定。谢谢你，老板。”

每次摊主和这些小顾客交谈时，摊主的妻子就会默默地站在一旁，面带微笑地看着他们。她熟悉这种游戏，也理解丈夫所做的一切。

镇上很多贫困的人家没有钱买菜，也没有任何值钱的东西可以交换。为了帮助他们，他就这样假装着和孩子们为一个弹球讨价还价。就像刚才的这个孩子，这次他有一个蓝色的弹球，可是摊主想要红色的；下次孩子一准儿会带着弹球来，到时候摊主又会让他再换个绿的或橘红的来。当然，打发孩子回家的时候，摊主一定会让他捎上一袋子上好的蔬菜。

许多年过去了，摊主因病去世。镇上所有的人都去向他的遗体告别，包括以前那些和他玩交换东西的孩子们。他们都已经成了或大或小的官员、学者。摊主太太站在丈夫的灵柩前，泪眼蒙蒙地目视他们在灵柩前停留，看着他们把自己温暖的手放在摊主冰冷苍白的手上。

我们很难估量做善事对一个人生命价值大小的影响。也许我们此时的付

出不会立刻得到回馈，但是这份付出自会在别人心中留下感恩的种子。这颗种子此时不会萌芽，但终有一天会绽放花朵香飘万里。

在我们每个人的实际生活中，做善事并不是为了引起别人的关注，生命需要我们做的是敞开心扉爱他人，真诚地爱他人，去宽慰失意的人，安抚受伤的人，激励沮丧泄气的人。至善无痕，让施予心就像玫瑰花一样散发芬芳。

俭而不吝， 谦而不卑

俭，美德也，过则为悭吝，为鄙啬，反伤雅道；让，懿行也，过则为足恭，为曲谨，多出机心。

——《菜根谭》

生活俭朴是一种美德，可是如果俭朴过分就是吝啬、斤斤计较，反而伤害了与人交往的雅趣；处事谦让是一种高尚的行为，可是如果谦让过分，就显得卑躬屈膝、谨小慎微，反而让人觉得是心计过多。

为人要有品行节操才能立足，如果谦让至伪，节俭到吝，那么节俭的目的何在，谦让的初衷为何？节俭为美德，太过则有伤大雅。礼让是美行，太过则有失常态。所以，处世“过”与“不及”都不可取，只要恰到好处即可。《儒林外史》中的严监生，却用他的过于节俭成就了吝啬鬼之名。

严监生病重之时，诸亲六眷都来看望。晚间挤了一屋子的人，桌上点着一盏灯。严监生喉咙里痰响得一进一出，一声不倒一声的，总不得断气，还把手从被单里拿出来，伸着两个指头。大侄子上前问道：“二叔，你莫不是还有两个亲人不曾见面？”他就把头摇了两三下。二侄子走上前来问道：“二叔，莫不是还有两笔银子在哪里，不曾吩咐明白？”他把两眼睁得滴溜圆，把头又狠狠地摇了几下，越发指得紧了。奶妈插口道：“老爷想是因两位舅爷不在跟前，故此挂念。”他听了这话，两眼闭着摇头。那手只是指着不动。赵氏慌忙揩揩眼泪，走近上前道："爷，别人都说的不相干，只有我晓得你的意思！你是为那灯盏里点的是两茎灯草，不放心，恐费了油。"直到赵氏挑掉一根灯草，他方才点点头，咽了气。

严监生家里有十多万两银子，丫鬟无数，良田万亩，此外，在县城里还有铺面二十多间，经营典当，每天收入最少也有几百两银子。可笑的是，这样一个家财万贯之人，却因为两根灯草而"死不瞑目"，节俭到这种程度，人们也只能用"吝啬鬼"来"赞扬"他了。

正如人们以节俭为美德一样，从古至今，历代圣贤莫不主张谦虚，而将骄傲视为毒蛇猛兽，避之不及。实际上，谦虚过了头，就会成为一种懦弱。人背负着尊严行走在世间高低不同、起伏不定的道路上，会遇到不同的人，他们各有各的长处，各有各的特点，值得我们去学习、去借鉴。要想学得别人的长处，我们需要谦虚，因为谦虚是与人相处的法宝，没有人会对一个骄傲自大的人说出自己的经验或宝贵的人生收获。这个时候，人们是躬着腰的，也许会觉得很累——因为背上还背负着尊严。这种疲劳感时刻提醒着人们，要谦虚，但不能谦卑。

一位闻名遐迩的画家每逢有青年画家登门求教，总是很耐心地给人看画指点；对于有潜力的青年才俊，更是尽心尽力，不惜耗费自己作画的时间。一次，一位后辈画家对于前辈的关爱有加感激涕零，老画家微笑着讲了一个故事：

40 年前，一个青年拿了自己的画作到京都，想请一位自己敬仰的前辈画家指点一下。那画家看这青年是个无名小卒，连画轴都没让青年打开，便推托事务缠身，下了逐客令。青年走到门口，转过身说了一句话："大师，您现在站在山顶，往下俯视我辈无名小卒，的确十分渺小；但您也应该知道，我从山下往上看您，您同样也十分渺小！"说完转身扬长而去。青年后来发愤学艺，终于在艺术界有所成就。

这位青年就是年轻时的老画家。他时刻记得那一次冷遇，也时刻提醒自己，一个人的形象是否高大，并不取决于他所处的位置，而取决于他的人格、胸襟和修养。

故事中的年轻画家是谦虚的，但谦虚并不代表要放弃自己的尊严，面对前辈的轻视侮辱，他没有唯唯诺诺地一味谦虚，而是高傲地回拒了，并用一生的时间为自己的高傲积蓄资本，最终成为一位有名的画家。

谦虚是一种发自内心的美德，是人们都应该努力去拥有的，但是凡事都应该适可而止，如果谦虚需要以尊严来换取的话，美德便也不美了。人不可有傲气，但不可无傲骨。换一个角度讲，人们不可不谦虚，但过分的谦虚却要不得，即使自己有不如人之处，也要练就一身傲骨，并不断努力，为自己的成功积累资本。

虚名会使人失去自我

至人无己，神人无功，圣人无名。

——《庄子》

【智慧品读】

真正廉洁的人并不一定树立廉洁的名声，那些为自己树立名声的人正是因为贪图名声；一个真正有大智慧的人不会去卖弄那些技巧，玩弄技巧的人正是为了掩饰自己的拙劣。所以庄子说：至人忘却自我，神人忘却功利，圣人忘却名利。

从前，有一个书生因为像晋人车胤那样借萤火夜读，在乡里出了名，乡里的人都十分敬仰他的所作所为。一天早晨，有个人慕名而来，想要亲自拜访他并向他求教一些问题。可是这位书生的家人告诉拜访者说书生不在家，已经出门了。

来拜访的人十分不解地问："哪里有人为学一个通宵在夜里借萤火虫的光读书，而清晨大好的时光不读书却去干别的杂事？这不是为学的道理。"家人如实地回答说："没有其他的原因，主要是因为要捕萤，所以一大早出去了，到黄昏的时候就会回来的。"前来拜访的人大失所望，原来闻名乡里的人不过是一个为得虚名而本末倒置的人。后来这件事传开了，这个书生遭到了乡人的奚落。

这个故事读来令人啼笑皆非。车胤夜读是真用功、真求知，而这个虚伪书生的刻苦不过是一种愚蠢的行为。放着大好的时光出门捕萤，黄昏再回来装模作样地表演一番，完全是本末倒置，“名”是有了，但时间一长肯定会露出马脚。靠一时的投机哗众取宠，这样的“名”往往很短暂，如过眼云烟，很快会被世人遗忘。

另外，虚名会使人失去自我，使人丧失尊严，更危险的是贪慕虚名可能让对手有机可乘，到时受到的伤害就是无可估量的了。每个人都应该客观地看待自己，做事情量力而行。

有一位武术大师隐居于山林中却名扬在外。有个人千里迢迢来找他，想跟他学些武术方面的窍门。当这个人到达深山的时候，发现大师正从山谷里挑水回来。大师挑得不多，两只木桶里水都没有装满。按这个人的想象，大师应该能够挑很大的桶，而且挑得满满的，于是他问：“大师，这是什么道理?”

大师说：“挑水之道并不在于挑多，而在于挑得够用。一味贪多，适得其反。水洒了，岂不是还得回头重打一桶吗？膝盖破了，走路艰难，岂不是比刚才挑得还少吗?”大师说着，就让他看了看自己的木桶。原来，桶里画了一条线。

大师说：“这条线是底线，水绝对不能高于这条线，高于这条线就超过了自己的能力和需要。起初还需要画一条线，挑的次数多了以后就不用看那条线了，凭感觉就知道是多是少。有这条线，可以提醒我们，凡事要尽力而为，也要量力而行。”

世间常有不按自己的底线做事的人，他们表面风光，一旦做起事情来，就露出马脚，让别人笑话不说，还失去了别人的信任。其实，当一个人不为完成一件事而去做事时，往往能认识到自己的能力和处境，能更好地改变现状。

因此这个世界上有好名声的人，在做事之前通常不知道自己的所作所为会赢得别人的赞誉，他们不过是依照自己的价值观念、道德标准在做自己认为应该做的事罢了。其实，我们以赤子之身来此世界，当以赤子之心度此一生。无声名，亦无功利，便是莫大的声名，莫大的功利。

“有心”之德，成“无心”之事

海纳百川有容乃大，壁立千仞无欲则刚。

——林则徐

【智慧品读】

金熙宗时期，官场腐败，贪污成风，独独小小的邢台县令石琚不忘养德修身、洁身自好。

石琚曾经规劝邢台守吏说：“一个见利不见害的小人，他走运时也就是他快要大祸临头的时候。你敛财无度，不知利害，你自以为是，在我看来却是愚蠢至极。回头是岸，我实不忍见到你东窗事发的那一天。”邢台守吏拒不认错，私下竟反咬一口，向朝廷上书诬陷石琚贪赃枉法。结果，邢台守吏终因贪污受到严惩，其他违法官吏也被一一治罪。石琚因清廉无私，虽多受诬陷却平安无事。

石琚官职屡屡升迁，有人便私下向他讨教升官的秘诀，石琚说：“我不想升迁，凡事凭良心，这个人人都能做到，只是他们不屑做罢了。人们过分相信智慧之说，却轻视不用智慧的功效，这就是所谓的偏见吧。”

天机无限玄妙，而人的智慧却十分有限。邢台守吏自认为自己获利手段高明，敛财无度，结果却死在贪欲围筑的陷阱里。而石琚以德为本，洁身自好，结果却屡屡升迁。

古语云：“贞士无心徼福，天即就无心处牖其衷；险人着意避祸，天即就着意中夺其魄。”就是这个道理。贞士之所以能受到上天的眷顾，是因为他有接受这份眷顾的资格，即良好的道德修养、淡泊的名利观，而险人纵然百般逃避也无法避免祸患，因为他有必须受祸的罪状，即败坏的道德、利欲熏心。

当一个人把自己的修养、道德以及能力修炼到家的时候，即使我们不急切地追求福分，幸福和幸运也会主动来敲门；而一个险恶的人，因为居心叵测、道德败坏，即便处心积虑地躲避责任和灾祸，早晚也会受到惩罚的。所以生活中那些成功的人往往是不心念成功而诚信做事的人。

有人问一个成功人士：“您苦心孤诣十几年才有今天的成就，那么在您看来，成功的方法是什么？”

这个成功的企业家想了想，然后说：“成功是因为不想成功。”

这个回答让当时在场的所有人都觉得一头雾水，便问其中的原因。这时从成功人士这里，人们听到了关于成功的另一番解读：“如果我算是成功，我成功的原因是因为我不怎么想着成功，至少不天天想着成功。我想的是：我怎么把我该做的事情做好。”

当一个人不想着成功，只是朝着那个方向努力时，就会收获意外的惊喜。我们每个人都梦想成功，但是梦想仅仅是梦想。当一个人成天想着“我要发财”“我要出名”“要这个要那个”时，美丽的梦想会演变成撕心裂肺、百爪挠心的压力，从而欲望会越来越多，歹念会越积越厚，结果生活就会和梦想背道而驰。

相反，当梦想只是一个方向时，我们就会把集中在压力、欲望上的注意力移到我们自身能力的提高和品德修养的完善上来。所谓“无欲则刚”，把精力集中在当下需要解决的事情上，这比过度地关注和执着于梦想更实在。

其实，生活中的“无心”往往是“有心”为之，对于名誉、利益、地位多几分“无心”，对品德、涵养、能力多几分“着意”，我们就会收获意料之中的惊喜。所以，如果一个人想有一番成就，首先要在道德上有所追求和涵养。

善始善终， 切忌虎头蛇尾

以荣名终，称贤相，岂不善始善终哉？

——《史记》

【智慧品读】

世人都说“万事开头难”，其实开了头，做到善始善终更难，在最后一刻把开始的事做好才不会有悔恨。

古时候，从事声色之业的妓女在晚年的时候能够结束卖笑生涯成为良家妇女，她过去的生活常常能够得到世人的宽容和理解；而坚守节操的妇女如果在晚年的时候失去了贞操，那么她前半生的辛苦守节都白费了；王侯将相只有能够终生保住自己荣耀的名声，被大家叫作“贤相”，才能被称作“善始善终”。

人的一生不怕开始犯错，怕的是到最后也不知醒悟悔改；一个人的可悲之处不是半生清苦，而是后半生失去坚守。由此才会有“看人只看后半截”的说法。做事要善终，做人应重晚节，这一点在人深陷困境时显得尤为重要。

深陷困境时，胆怯的念头、退却的想法会走进我们的头脑和思维，从而影响我们的判断。此时如果做事无善终，就会功亏一篑；晚年失节，就会让所有的美德都消失殆尽。在这种情况下，成功和幸福都会给失败让路。反之，成功和名誉就会如约而至。

1941 年 12 月，日本侵占中国香港的那一天，年近半百的梅兰芳蓄起了唇髭，没过几天，浓黑的小胡子就挂在了这位唱旦角的艺术家脸上。他年幼的儿子梅绍武好奇地问：“爸爸，您怎么不刮胡子了？”

梅兰芳慈祥地回答儿子说：“我留了胡子，日本人还能强迫我演戏吗？”

不久，他回到上海，住在梅花诗屋，闭门谢客，拒绝为日本人演戏，时常在书房里的台灯下作画，年复一年仅靠卖画和典当度日，生活日渐窘迫。

上海几家戏院的老板见他生活如此困难，争相邀他出来演戏，却都被他婉言谢绝。

有一天，汪伪政府的大头目褚民谊突然闯入梅兰芳家，要他作为团长率领剧团赴南京、长春和东京进行巡回演出，以庆祝所谓“大东亚战争胜利”一周年。

梅兰芳用手指了指自己的脸，沉着地说道：“我已经上了年纪，很长时间没有吊嗓子了，早已退出了舞台。”

褚民谊阴险地笑道：“胡子可以刮掉嘛，嗓子吊吊也会恢复的。哈哈哈……”

笑声未落，只听梅兰芳一阵讥讽的话语：“我听说您一向喜欢玩票，大花脸唱得很不错。您作为团长率领剧团去慰问，岂不是比我强得多吗？何必非我不可！”褚民谊听到这里，顿时敛住笑脸，脸上红一阵白一阵，支吾了两句，狼狈地离开了。

梅兰芳蓄须明志，彰显一身傲骨，这是一种爱国精神，同时也是“临大节而不可夺”的坚守。正是因为这样，梅兰芳的艺术大家的风采和精神才更值得人们敬仰。

古语云：“皇天不负有心人。”在这个社会上，成功来自坚持，高贵来自坚守，无论是工作、学习还是生活，常常怀抱一种善始善终的态度、坚持到底的执着，人生就会少些悔恨。

所以，生活中我们应该这样做到善始善终：没有面临抉择时，就努力把手边的事做好，并精益求精；面临抉择时，选择道义，不可贪图一时利益；没有犯错时，继续保持做对事时的态度；做错事时，及时改正，并且避免再犯错；即使我们已经走到了最后一步，也要像迈出第一步时那样，把路走好。

以善化恶，以德报怨

怨因德彰，故使人德我，不若德怨之两忘；仇因恩立，故使人知恩，不若恩仇之俱泯。

——《菜根谭》

【智慧品读】

在一次战争中，一支小军队在森林中与敌军相遇，激战后两名士兵与军队失去了联系。这两名战士来自同一个小镇。

两人在森林中艰难跋涉，他们互相鼓励、互相安慰。十多天过去了，他们仍未与军队联系上。这一天，他们打死了一只鹿，依靠鹿肉又艰难地度过了几天。可也许是战争使动物四散奔逃或被杀光，这以后他们再也没看到过任何动物。他们仅剩下的一点鹿肉，背在年轻战士的身上。这一天，他们在森林中又一次与敌人相遇，经过再一次激战，他们巧妙地避开了敌人。就在自以为已经安全时，只听一声枪响，走在前面的年轻战士中了一枪——幸亏伤在肩膀上！后面的士兵惶恐地跑了过来，他害怕得语无伦次，抱着战友的身体泪流不止，并赶快把自己的衬衣撕下以包扎战友的伤口。

晚上，未受伤的士兵一直念叨着母亲的名字，面无血色。他们都以为熬不过这一关了，尽管饥饿难忍，可他们谁也没动身边的鹿肉。天知道他们是怎么度过那一夜的。第二天，他们奇迹般地得救了。

事隔 30 年，那位受伤的战士说："我知道谁开的那一枪，他就是我的战友。在他抱住我时，我碰到他发热的枪管。我当时怎么也不明白，他为什么对我开枪？但当晚我就宽恕了他。我知道他想独吞我身上的鹿肉，我也知道他想为了母亲而活下来。此后 30 年，我假装根本不知道此事，也从不提及。战争太残酷了，他母亲还是没有等到他回来，我和他一起祭奠了老人家。那一天，他跪下来，请求我原谅他，我没让他说下去。我们又做了几十年的朋友，我宽恕了他。”

这个受伤的战士明明知道是自己的战友为了独吞鹿肉而想开枪打死自己，但是他也知道这一枪承载了一颗孝心，所以他选择了宽恕和沉默，并维持了他们之间几十年的友谊。其实，每一个人都有他值得他人同情和原谅的地方，宽恕别人所不能宽恕的，是一种大德和大智慧。

以仇恨对抗仇恨，以抱怨对抗抱怨，以恨对恨，互相敌视的双方永远都不会拨开灰色的心绪。当我们用善行感化仇恨，用恩德融化抱怨时，就会让仇恨和抱怨向相反的方向转化，这样世界上就有了包容、感恩与和谐。

有个姑娘与男友相恋了四年，可以说将自己的一切都献给了男友。有一天，她发现男友原来另有所爱，于是大为恼怒。在悲愤和绝望之下，她决定报复自己的男友。她忍气吞声，假装对男友好，并做了很多令他家人很感动的事。当这个男人大张旗鼓地请客，并到酒店交了婚宴款，准备与她结婚时，她却突然宣布要与另外一个男人结婚，让所有的人不知所措。

故事中的这位姑娘存有典型的报复心理。她的报复虽然成功了，但是结果又能好到哪里去呢？当初是她被男友抛弃，而现在不过是她自己选择被抛弃罢了，这一次并没有比上一次少多少伤害和痛苦。世上最大的伤害莫过于我们对曾经有过的伤害牢记不忘。当我们再一次记起曾经遇到过的伤害或磨难，这等于我们又受到了一次伤害。

在这个世界上，不要在意我们给人的恩德，不去对抗别人给我们的仇怨，自然会有人生的豁达和生活的和谐。现实生活中，与人相处难免会有摩擦，有时候甚至会因为利益问题而彼此抱怨、仇恨、出卖。这个时候，只有领悟了此番道理，我们才能真正不被烦恼所侵扰，不为仇恨所伤害。生活像流水一样在流动，会带来很多恩惠，也会带走很多仇怨，静观这些来来去去，自然也就了解了“德怨两忘”、“恩仇俱泯”的为人处世之道。

天道忌盈，人事惧满

欲贵者，人之同心也。人人有贵于己者，弗思耳。

——《孟子》

【智慧品读】

《孟子》里说，希望自己尊贵，是每个人都有的心愿。人人都有自己可尊贵的东西，只是没有发现，不去思考它罢了。

人生在世，不应该妄自菲薄。一扇小小的窗户，可以射进阳光；一颗小小的星星，可以照亮夜空；一朵小小的花朵，可以满室芬芳；一件小小的善行，可以扭转命运；一点小小的微笑，可以传达情意；一句小小的慰言，可以安慰苦难。所以，小不可轻。即使只是阳光下一粒小小的尘埃，也能够拥有最美丽的飞翔姿态，应该让每一次的飞翔，都在蓝天白云的映衬下释放出幸福的味道。

水滴虽小，足以穿石；蝼蚁卑微，却能溃堤。小的事物并不一定没有用，相反，有的时候小事物的威力巨大无穷。星星之火可以燎原，即是这个道理。因此，假如你是一个小人物，请不要自怨自艾，更不要感叹自己的渺小和不为人知，因为你有你的力量，可以感动这个庞大的世界。

当然，我们也不能自恃才高，目中无人。一个人的学问越高反而会表现得越谦恭，这是知识与修养给他带来的改变。一位哲学家说："人的知识就像是一个圆圈，圆圈里面的是你已经知道的知识，圆圈外面代表的是你的未知。圆圈越大的人就越会发现自己的知识很不足。"就像我们说的越是成熟的稻穗越是往下弯腰，一个人的学问越高也就显得越发谦虚。

曾子夸赞他昔日同窗颜回的美德道："我的同学颜回那才是真的有学问的人，明明自己的修养与知识都在很多人之上，但是他每次总是谦虚地向别人请教，做到了老师说的不耻下问。"这一点很难得，因为通常人们都比较自恋，认为自己就是最优秀的，哪里能放下身份向他人请教呢？尤其是一些有才华的人就更不肯放下身份了。

为学与为人的道理是相通的。唐代著名谏臣魏征有言："念高危，则思谦冲而自牧；惧满盈，则思江海下百川。"其意也在说明做人要谦虚。人生活在社会上必须要有"空杯"的心态。只有将自己的姿态放低，才能从别人那里学到知识、智慧。大海之所以能成为大海就因为它总是在最低处，所有的溪流都汇集到大海的怀抱中。

存好心， 做好事

仁者，人之所亲，有慈惠恻隐之心，以遂其生成。

——《素书》

春秋时期，郑国贤大夫公孙侨，字子产，心地仁厚。他常济贫并救人于危难，喜欢行善，特别是从不杀生。

一天，一个朋友送给子产几条活鱼。这些鱼很肥，做成菜肯定是一道美味。子产非常感激朋友对他的关怀，高高兴兴地收下了礼物，然后吩咐仆人道："把这些鱼放到院子里的鱼池里。"他的仆人说："老爷，这种鱼是鲜有的美味。如果将它们放到鱼池中，池里的水又不像山间小溪那样清澈，鱼肉就会变得不松软，味道也就不会那么好了。您应该马上吃掉它们。"子产笑了："这里我说了算，照我说的去做。我怎么会因为贪图美味就杀掉这些可怜无辜的鱼呢？我是不忍心那样做的。"

仆人只得遵照命令。当仆人把鱼倒入池中时，眼见鱼儿悠游水中，浮沉其间，子产不禁感叹说："你们真幸运啊。如果你们被送给别人，那么你们现在已经在锅中受煎熬了！"

世间万物都是有生命的，大自然原本就是一个和谐的整体，一草一木

皆为生命。长存一颗慈悲心，不仅仅是一种博大的情怀，更是对人生和自然的一种理解和顿悟。我们从来都是与周围的事物和自然融于一体的，对它们多加关怀实际上也是在关怀我们自身。拥有悯物之心，生命才会安然适意。

所以，黄石公告诫我们，仁慈而爱人，对人对物都富有同情心，那么天底下万事万物都能随你所愿了。这就是《素书》中所讲的“仁者，人之所亲，有慈惠恻隐之心，以遂其生成。”

斑斓的蘑菇看上去很美，但却是有毒的，只能远观而不可品尝；绚烂的花朵，令人欣羡，却可能是捕食其他生命的陷阱。世间的美并非都与善相关，而所有的善行，即使没有光鲜的外表，却都是美丽的。

做人以善良为根，正直为干，丰富的情感为蓬勃的枝丫，才能结出甜美的果实。善良的情感及修养是人的核心。帮助身边正遭受痛苦和不幸的人，犹如在风吹落叶时扫出一条可供行走的宽阔大道，当这条大道呈现在你的面前时，与人方便的同时，自己也不会再受荆棘满布的曲折小径之苦。

慈悲仁善可以匡扶世间的正义，能够为人和社会带来无限福音。不管是大善还是小善，只要为善，善举便可得回报。这便是“有颗好心，就有满手好事”的道理。对他人施以善、赐予福，本不求回报，可心却瞬间变得愉悦而坦然，而他人也会因为你的善而感到心情舒畅，这是一种心灵上的互相慰藉。

播下慈悲的种子，世人都可享用丰硕的果实；留下几句仁爱的语言，世间都将充满温暖的和风。种子探头笑，和风拂柳枝，此中风情，此间美丽，都令人心中漾满欢喜。

远离诱惑， 不失本性

太上有立德，其次有立功，其次有立言，虽久不废，此之谓三不朽。

——《左传》

【智慧品读】

《左传》提出过人生有“三不朽”的著名论断，意思大概是说：人生短暂，若想有所作为，传于后世，有三种途径：最有价值的是能够修养完美的道德品行，其次是建立伟大的功勋业绩，最后是确立独到的论说言辞。正如古人所言，功高、才高均不如德高。于普通人而言，立功与立言都不是那么容易的，但是立德却可以从身边的点滴小事开始做起，只要人们开始有了敬畏之心，有了道德意识，就已经走在立德的路上了。崇高的气节是人们灵魂深处散发的馨香，与其靠一时的小聪明哗众取宠，不如以芬芳遗惠后人。

南宋著名爱国诗人文天祥就以高尚的气节名享千秋。文天祥，字宋瑞，江西吉水县人。20 岁时举进士，为廷试第一。1259 年，元兵大举进攻南宋，宦官董宗臣劝皇帝迁都逃跑，文天祥上书坚决反对，并请求皇帝安定民心，诏杀董宗臣。

1274 年秋，元军逼近宋都临安，宋帝下令全国征军护驾。文天祥在赣州招募豪杰志士，组织了一支数万人的“勤王军”，于 1275 年抵达临安。1276 年初，常州危急，文天祥派出部将率兵救援，但未能解常州之围，元兵趁机向临安发动最后攻击，文天祥只得退往临安。回临安后，文天祥与名将张世杰主张集中临安的全部“勤王军”和元兵决战。但当权宰相陈宜中一味对元兵屈膝投降，元兵得寸进尺，步步进逼。

1276 年，文天祥以右丞相兼枢密使的身份和元军谈判，但被元将伯颜扣

押。文天祥在伯颜的威逼利诱下，毫不妥协，因此被扣押北上。到江苏镇江时，文天祥趁机脱逃，历尽艰险乘船到达福州。文天祥又受命外出招募军队，他遣将收复数地，又得到江西兵来援，一时声势大振。此后文天祥又率众反攻江西，给元军以沉重打击。但毕竟文天祥所组织的军队没有战斗经验，被元军击溃，文天祥侥幸脱身。

1278 年，文天祥组织军民继续抵抗，后来因叛徒出卖被俘，在零丁洋，他写下了“人生自古谁无死，留取丹心照汗青”的千古诗句。宋亡后，文天祥被押解到大都，历尽折磨，始终坚贞不屈。在狱中，他写下了著名的《正气歌》，表达了视死如归的决心。1282 年，元世祖忽必烈无比佩服他的气节，亲自劝降，文天祥依然守节不屈。元世祖下令处死文天祥，以绝后患。

文天祥的高风亮节，即使不着一字，也尽得世人赞颂，他的诗品、人品统一和谐，真的是日月辉耀、相得益彰。

文天祥殉难后，人们以各种方式纪念他。曾参加过义军的王炎午写了《望祭文丞相文》，赞扬文天祥像岁寒的松柏一样坚贞，他的死使“山河顿即改色，日月为之韬光”。1323 年，在文天祥家乡吉州的郡学里，他的遗像挂在先贤堂，与欧阳修、杨邦乂、胡铨等并列祭祀。1376 年，北京教忠坊建立了“文丞相祠”，后来，他的家乡吉州庐陵也建立了“丞相忠烈祠”。文天祥的文集、传记在民间流传很广，历久不衰，激励着民族的正气。贤人已逝，其言犹在，“人生自古谁无死，留取丹心照汗青”，不知激励了后世多少优秀儿女在祖国生死存亡之际，舍生忘死，维护民族大义。所以，堂堂正正，不失本性才是为人之道。

为善举不为恶行

然则有所不为，亦将有所必为者矣。

——《后汉书》

【智慧品读】

孔子曾说：“富而可求也，虽执鞭之士，吾亦为之；如不可求，从吾所好。”他所谓的求，不是“努力去做”的意思，而是“想办法”。如果是违反原则去求来的，是不可以的，所以他的话中便有“可求”和“不可求”正反两个道理。

《后汉书》中说，做事要有原则，有些事情不能去做，有些事情一定要努力去做。这和孔子思想中的“可”、“不可”如出一辙。

在生活中，除了富有，还有很多事需要接受“可不可”的度量。如果不择手段去求得我们想要的东西，那么即便得到了也名不正言不顺。一个人做什么并不重要，关键在于他内心是否有一个“可”与“不可”的原则，并能用悔悟之心解除眼前的痴狂迷惘。

汉光武帝建立东汉王朝后，懂得打天下要靠武力，治理天下却需要有效的法令，所以积极地采取休养生息的政策，减轻捐税，释放奴婢，减少官差，使得东汉初年经济得到了恢复和发展。不过法令可以治世，可以威慑百姓，却无法约束达官贵人。光武帝的大姐湖阳公主依仗兄长做皇帝，横行无忌，她的奴仆也不把法纪放在眼中。

湖阳公主有一个家奴仗势行凶杀了人，躲在公主府里不出来。这件事被当时的洛阳令董宣受理。这个洛阳令为人耿直，认为“天子犯法，与庶民同罪”。所以尽管他不能进公主府去搜查，却天天派人在公主府门口守着，只等家奴出来。

一天，湖阳公主坐着车马外出，跟随着她的正是那个杀人的家奴。董宣

得到了消息，就亲自带衙役赶来，拦住湖阳公主的车。

湖阳公主怒道：“好大胆的洛阳令，竟敢拦阻我的马车！”

董宣毫不畏惧，当面责备湖阳公主不该放纵家奴犯法杀人。他不顾公主阻挠，吩咐衙役把凶手逮起来，当场处决。

湖阳公主十分生气，马上赶到宫里，向光武帝哭诉董宣怎样欺负她。光武帝听了，也十分恼怒，立刻召董宣进宫，吩咐内侍当着湖阳公主的面，责打董宣，想替公主消气。

董宣说：“且慢，微臣有话要奏。”

光武帝怒气冲冲地说：“你还有什么可说的？”

董宣说：“陛下是一个中兴的皇帝，应该注重法令。现在陛下让公主放纵奴仆杀人，还能治理天下吗？如果微臣因为维护法令而获罪，恳请以死谢天下！”说罢，他向柱子撞去。光武帝连忙吩咐内侍把他拉住，董宣已经撞得头破血流。

光武帝理屈，但是为了顾全湖阳公主的面子，要董宣向公主磕头赔礼。董宣宁死不磕。内侍把他的脑袋往地下摁，可是董宣用两手使劲撑住地，挺着脖子。

内侍回报说：“董宣的脖子太硬，摁不下去。”光武帝也只得将董宣哄了出去。湖阳公主见光武帝放了董宣，并不服气，讽刺光武帝没有权威，光武帝无奈地说：“正因为我做了天子，才不能再像做平民时那样肆意为之。”

董宣敢于挑战权威，坚持原则而不退让，是值得尊敬的，无论官品与人品皆属上乘。君子身处世间，心中应该有一个行事的准则，天下事有的应该做，有的则不应该做，一旦遇到违背自己的良心与正义的事情，哪怕可以给自己带来巨大的财富和利益，或者可以让自己免去杀身之祸，也要坚决拒绝，始终不放松自己的道德准则。

在生活中，一个人总会面临很多抉择，懂得当行则行，当止则止。“然则有所不为，亦将有所必为者矣；既云进取，亦将有所不取。”无论在什么时候，都不要违背自己的良知，要有所为有所不为。要做到这一点，就要在抉择前在内心保持自己纯真的本性，在行动上便会把握正确的原则，而不至于出轨。

做人先立德

得黄金百斤，不如得季布一诺。

——《史记》

中国人历来把守德作为为人处世、齐家治国的基本品质。自古以来，守德的人受到人们的欢迎和赞颂，背弃道德的人则会受到人们的斥责和唾骂。

人要坚持操行志向，做有诚信之心的人，这样才能立足于天下而不败。如《史记》中记载，得到黄金百斤，不如得到季布的一个承诺。

生活中，才华出众的人并不少见，甚至时常会有天才出现。但是，拥有才华和智慧就会让人值得信赖吗？未必，真正值得信赖的是人的品格和道德水准。天才如果没有优秀的品格和崇高的道德，就有可能将才华放在错误的地方，而放错地方的才华，还不如没有才华。

人的行动往往以其品格道德为基础，并受其指导，内心诚实就不会狡诈，内心坚定就不会改节。《论语》中的“言必信，行必果”，说的就是真正的君子要对自己的言行负责，对自己的言行负责，就是对自己的品格和道德负责。只有这样的君子才值得信赖，才能赢得他人的尊重和信任。

东汉时，汝南郡的张劭和山阳郡的范式同在京城洛阳读书。学业结束，二人分别的时候，张劭站在路口，望着长空的大雁说：“今日一别，不知何年才能见面……”说着，流下泪来。范式拉着张劭的手，劝解道：“兄弟，不要伤悲。两年后的秋天，我一定去你家拜望老人，同你聚会。”

两年后的秋天，张劭突然听见长空一声雁叫，牵动了情思，不由得自言自语地说：“他快来了。”说完赶紧回到屋里，对母亲说：“刚才我听见长空雁叫，范式快来了，我们准备准备吧！”

“傻孩子，山阳郡离这里一千多里，范式怎么来呢？”母亲劝慰道。

张劭说："范式为人正直、诚恳，极守信用，不会不来。"

张劭的母亲只好说："好好，他会来，我去打点酒。"

约定的日期到了，范式果然风尘仆仆地赶来了。旧友重逢，亲热异常。张劭的母亲激动地站在一旁，感叹地说："天下真有这么讲信用的朋友！"范式重信守诺的故事被后人传为佳话。范式的信守承诺是他坚守自己的道德原则的表现。相反，为人没有诚信，就显示出他道德上的不足。

做人必须从"德"开始，树立自己高尚的道德品牌，这样才能成大事。道德、品德关系到一个人的行为动机，是做人的首要问题。从大方面讲，一个人较高的道德修养决定了他的行为是向着有利于社会、集体、他人的方向努力的；反之，缺乏道德观念的人只会对社会、集体、企业造成损害。从小方面讲，一个人只有守住"德"字，才能为自己的人生找到立足点，否则我们在欺骗别人的同时，也会受到别人的欺骗；我们在损害他人利益的同时，自己的利益也可能得不到保障。

要走向成功，必须以德立身，这是一个人最应该确立的内在标准。没有这个内在的标准，人生之路就会失去支撑，最终失败将是必然的。在实际生活中，将"道德"两字铭刻在心中，我们将为自己铺平一条通往成功的道路。人生在世，无论是在职场、学校还是社会，凡事都应该以信誉为基础。失去信誉、玩弄他人的信任和善良，会让我们的事业、生活和人际搁浅。只有具备了信誉这一良好的资本，我们才能被人信赖，才能在办事时游刃有余，才会有更大的发挥空间。

第二章

自省自察，一日三省是洞明人生的方法

以出世的心耕耘入世的事业

予独爱莲之出淤泥而不染，濯清涟而不妖。

——周敦颐《爱莲说》

【智慧品读】

世事纷纷扰扰，唯有名利权势最让人眼花缭乱失去本我。适度追求名利，本不是一件坏事，但趋炎附势、不择手段便是一种耻辱，污浊不堪。因而，如果立身处世不能在高一点的境界里，就如同在尘土飞扬的空气中拍打衣裳、在泥泞不堪的水洼里洗脚一样，很难超凡脱俗，使自己的身心安乐愉快。

我们不可能让纷扰停止，更不可能阻止人们追求名利，但是换种思维，我们可以选择从心开始，在这喧嚣的尘世间洁身自好，保持内心的高贵，自会如一枝青莲，“出污泥而不染，濯清涟而不妖”。世间繁华不改，但不过分亲近，就可以保持心境的明澈；心中机巧不用于俗务人事，而用于学术艺道，则清雅之至。真正的高人，正是秉持着这种自治自律的立身法则，以出世的心耕耘入世的事业，才得以让德业跟随事业前进。

宋末元初著名的学者许衡，年轻时因聪明勤奋、克己自律在当地颇为知名。夏日的某一天，烈日当头，许衡独自赶路。由于长时间赶路，许衡汗流浃背，口干舌燥。这时，他遇到了几个正在一棵大树下乘凉的商贩，那帮商贩也都又热又渴，同样没有水。

正当大家都饥渴难耐时，远处走来一个人，他手里捧着一堆梨子，说：“前面有梨树，大家快去摘梨来解渴吧。”大家一听，赶忙收拾东西准备去摘梨，唯有许衡没有任何动作。

有个商贩耐不住心中的好奇，便走过来问许衡：“你怎么还愣着不动？再不去梨子就被他们摘光了。”

只见许衡不慌不忙地问道："梨树的主人在吗？"

商贩说："梨树的主人不在，但天气这么热，摘几个梨解渴也没什么大不了的。"

许衡严肃地说："现在梨树虽然没有主人看管，难道我们自己的心也没有约束吗？我心有约束，不是自己的东西，又没经过主人的允许，我是绝不会去偷的。"

商贩们不理会许衡，纷纷讥笑他是个愚人，不懂得变通，争先恐后地去摘梨了。许衡见状，只好无奈地独自走了，他忍着炎热和口渴继续赶路。

生活中的很多事，往往能从细微之处体现出一个人的内心世界。许衡在细微的小事中展现出了一颗不失原则的高贵内心，并以同样的心做学问，所以能在史上留名。人需要有生活和做事的原则，才能在道德和需求发生冲突时保持内心的高洁。人应该时时检讨自己的行为，给自己确立身心的规矩，即使在关键时刻也不因外界的压力放弃道德操守。这不仅是在忙碌的生活节奏中关注内心的表现，也是一种自我价值实现的过程。

不要在泥水中洗脚，也不要在境况不如自己的人中间找勇气，而要看到一个更成熟、更美好的未来在等待着自己去实现。对自己有更高的要求的人，一定会成为更优秀的人。一个内心高贵的人，可以时刻要求自己坚持原则，从而保证自己的一生都向着自己心中的方向靠近。因此，如果我们想成为一个优秀的人，首先应学会在心中给自己建造一个不受外物侵扰的世界，这里有我们的目标和道德准则，并以此规范外化的行为。只有对自己有高于周围环境的要求，才能"众人皆醉我独醒"，保持清醒和理智的自我。

观照内心， 勿忘本真

致虚极，守静笃。

——《道德经》

【智慧品读】

夜幕降临的时候，我们的真心就会像光亮在黑夜中一般变得明晰起来。这时候如果我们能静下来观照自己的内心，这一天的行与言便会如蒙太奇般在脑海中回放。这时，私心杂念都没有了，内心流露出本性中的真。每当这个时候我们就能从中领悟生命的真义。

世事确实如此，在躁乱的人世中沉浮，我们的心地已经是一片混沌。这时候需要“致虚”，让心灵回到空灵安宁的状态；同时也要“守静”，一个人静静地思考，却能重新发现那些自己渐渐遗忘的东西。它们往往是我们本性中的真。

对人生受挫的愤愤不平，对工作业绩的沾沾自喜，甚至是对窘迫生活的失望悲观，都会在虚静冥想中淡化。因为当我们扪心自问时，我们就已经在局外参透了局中的迷。在我们每个人的生活中，多一些自省就多一分自知；多一时冥想就多一分澄澈。黑夜并不只是用来安放睡眠的，有很多花在夜里开了又败，有很多人在黑暗中醒悟又新生。

寺院里收留了一个16岁的流浪儿，这个流浪儿头脑非常灵活，给人一种眼疾手快的感觉。灰头土脸的流浪儿在寺里剃发沐浴之后，就变成了一个干净利落的小沙弥。

法师一边关照他的生活起居，一边苦口婆心地教给他为僧做人的一些基本常识。看他接受和领会问题比较快，又开始引导他习字念书、诵读经文。也就在这个时候，法师发现了这个小沙弥的致命弱点——心浮气躁，喜欢张扬、骄傲自满。例如，他刚学会几个字，就拿着毛笔满院子写、满院子画；

再如，他一旦领悟了某个禅理，就一遍遍地向法师和其他僧侣们炫耀；更可笑的是，当法师为了鼓励他，刚刚夸奖他几句，他马上就在众僧面前显摆，甚至不把其他人放在眼里，大有不可一世之势。

为了改变和遏制他的不良行为和作风，法师想了一个用来启发、点化他的非常智慧的办法。这一天，法师把一盆含苞待放的夜来香送给这个小沙弥，让他在值更的时候，注意观察一下花卉的生长状况。第二天一早，还没等法师找他，他就欣喜若狂地抱着那盆花一路招摇地主动找上门来，当着众僧的面大声对法师说："您送给我的这盆花太奇妙了！它晚上开放，清香四溢，美不胜收。可是，一到早晨，它又收敛了它的香花芳蕊……"法师就用一种特别温和的语气问小沙弥："它晚上开花的时候，吵你了吗？"

"没有。"小沙弥高高兴兴地说，"它的开放和闭合都是静悄悄的，哪能吵我呢？"

"哦，原来是这样啊，"法师以一种特别的口吻说，"老衲还以为花开的时候得吵闹着炫耀一番呢。"

小沙弥愣怔一阵之后，脸刷地一下就红了，诺诺地对法师说："弟子领教了，弟子一定改过！"

山深愈幽，水深愈静，而像小沙弥这样喜欢四处炫耀自己一点点成就的人，就像一个瓶子，很容易摔碎。真正有学问有水平的人、真正成功的人生，不见得张扬、炫耀，却有润物细无声的大气和慈爱。

其实，不管我们比别人多占有了多少智慧、美貌、财富，如果不保持谦恭的态度、谨慎的作风，这些只会像在黑夜中开败的昙花一样，美得让人心碎、让人悲。每晚睡觉前，回望这一天收到的批评、意见和赞美：让不当的批评，像夕阳一样隐没；让有建设性的建议，在我们的心中架构改正的蓝图；对于名不副实的赞美，淡然一笑；最后，黎明会走进我们的心里，黑夜中也就有了光。

除妄念，忌浮躁

境随心转则悦，心随境转则烦。

——佛语

【智慧品读】

每个人的心中都有理性和情绪的斗争，自己随时随地在和自己争讼。如果妄念不生，止水澄波，心兵永息，自然天下太平。但事实却是普通人心中随时都在打内战。遇事时，办法还未想到，心先慌了。

解决这个问题的办法就是，消除心中的妄念，平息浮躁的情绪，从容淡定地应对所有的外来横逆之物。当心随着外界的情况变化时，烦恼就来了，而如果能够控制自己的心绪，你眼中的世界自然也就不同了，境随心转，喜悦自然而来。

人心绪慌乱之时需要“快刀斩乱麻”，一剑落下，绳结自开。如果在纷扰之中乱作一团，最终我们只会溃不成军。然而，许多人在面对纷繁复杂的问题时，通常会自乱阵脚。

一个人经过两山对峙间的木桥，突然，桥断了。奇怪的是，他没有跌下，而是悬在半空中。脚下是深渊，他抬起头，一架天梯荡在云端，望上去，天梯遥不可及。倘若落在悬崖边，他绝对会乱抓一气，哪怕抓到一根救命小草。可是这种境地，他彻底绝望了，心慌意乱，不知如何是好。渐渐地，天梯缩回云中，不见了影踪。云中有个声音告诉他，其实这是障眼法，只要轻轻踮起脚尖儿就可以够到天梯，但他手足无措，自乱阵脚，结果陷入绝境。

人生就是如此，从容淡定中，就有另一种活法，另一番境界。这就好比下雨时，匆忙奔跑的人躲雨却成了落汤鸡，而漫步赏雨的人，虽然浑身湿透但心境却是明朗的。相比之下，这个淡然地欣赏雨景的人，其实深谙从容生活的智慧。面对问题，忙乱是一种选择，从容也是一种选择，而前者出错，后者出方法。所以，那些被重任选择的人多是选择从容的人。

“自古英雄多磨难，从来纨绔少伟男”，古今中外有许多人都在磨难的泥泞路上，留下了自己的脚印。虽然他们备受磨难，但是他们也从磨难中练就了处变不惊的气度。他们不会因为遇到一点小挫折而愤愤不平，能够耐得清贫、耐得寂寞，也能在浮华诱惑面前保持冷静，不丧失本我。

“降自心”，“驭横气”，说的就是去除心中的妄念，保持心灵的平静。实实在在、平平淡淡地过活便是圣人的智慧和洒脱。对于那些不可以强求的，保持“随时”、“随性”、“随喜”的心境，顺其自然，以一种从容淡定的心态来面对，我们的生活就会有意想不到的收获。顺其自然者，当成大器。

在日常生活中，从容让人在车马喧嚣之中多一分理性，在名利劳形之中多一分清醒，在奔波挣扎中多一分尊严，在困顿坎坷中多一分主动。无论世事怎样变幻、时间几经周转，一个人没有古人这种心无旁骛、从容淡定的精神境界是不可能成就辉煌人生的。无论是在学习中还是在工作中，遇到问题和难处，首先降伏自己内心的不协调因素，心境平和了，处理外事时就会从容了。

宁受人之欺，毋逆人之诈

害人之心不可有，防人之心不可无，此戒疏于虑者；宁受人之欺，毋逆人之诈，此警伤于察者。二语并存，精明而浑厚矣。

——《菜根谭》

在利益面前，有些人可能会把自己的良心和灵魂出卖。人生在世，所要面对的人与事千奇百怪、错综复杂。无怪乎古人告诫我们：“害人之心不可有，防人之心不可无!”这句话其实是辩证的。

同样，对人世间的那些因看人看问题看得太细致而受到伤害的精明者，

这里有另一句警醒之言：宁可被别人蒙蔽，也不要事先毫无根据地去揣度、怀疑别人，以免自欺自误。任何事情都有正反两面，二者相成，才能使人思虑周到，使世事调和。

牛弘，隋朝大臣，字里仁。他不但学术精湛，位高权重，而且性格温和，宽厚恭俭。牛弘有个弟弟牛弼，他就没有哥哥那么谨言慎行了。一次牛弼喝醉了酒，竟把牛弘驾车的一头牛用箭射死了。

牛弘回家时，其妻就迎上去对他说："小叔子把牛射杀死了！"可牛弘听了，不以为意，轻描淡写地说："那就制成牛肉干好了。"待牛弘坐定后，其妻又提此事说："小叔子把牛射杀死了！"显得非常着急，认为是件大事，不料牛弘随口又说："已经知道了。"他若无其事，继续读自己的书。其妻只好不再说什么。

明代冯梦龙评点此事说："冷然一句话扫却了妇道人家将来多少唇舌。"想要摆脱琐事带来的烦恼，最好的办法就是放宽心胸，如牛弘一样，不问"闺"中琐碎之事。牛弘宁可自己吃亏，也不猜测弟弟的用心，最终打动了弟弟，也打动了妻子，使得牛家上下一直保持一团和气，再也听不到什么闲言碎语。

为人处世若能做到这点，就能减少人与人之间的摩擦，减少自我的烦恼，世间的是非也会减少许多。

因此，那些因为心智过分敏锐、想象力过分丰富和嘴巴太快而深陷是非的沼泽且已不堪其苦者，不妨学会尊重事实而不是妄加猜测，直到学会讲"我什么也不知道"。这样，心绪或许就会变得愉快些，人生的脚步也会迈得更轻松些。毕竟，天塌不下来，不要学类似于忧天的杞人那样的"精明"与敏感。

只要世间还有伦理规范和法律秩序，人与人之间的矛盾还需这两者的调节梳理，那么，人与人之间的一切功利关系与情感好恶就不可能完全公开透明地摆到桌面上。

那些见不得人的阴谋诡计就更是这样，它们要出现，必须伪装埋伏，同时还需一些能诱惑头脑简单而又意志薄弱者的诱饵，使人不知不觉地落入圈套。所以，生活在这个复杂社会中的人们，对此不能不提高警惕。

淳朴厚道者如能切实履行"害人之心不可有，防人之心不可无"的教诲，就具有了精明的心智，此其一；精灵明察者如能学会"宁受人之欺，毋逆人之诈”的处世策略，就具有了厚道的表现，此其二。一个人为人处世，能将这两方面统一起来，那他就是既机灵聪明，又淳朴厚道的十全十美者。

谨于至微之事

君子慎始，差若毫厘，谬以千里。

——《易经》

人体一得病，总在细微处给人提醒，但人们往往因为症状不明显而把它忽视。当发觉生了一场大病时，却为时已晚。同样，为人处世，如果我们不注重细节，很有可能在关键时刻因忽视它而得不偿失。

因此，如果把人的德业、事业比作一个精工细刻的桂冠的话，那么细节便是每一道雕刻、打磨、镶嵌的程序。如果整个过程中，每项程序都独具匠工，桂冠必然增色不少，但是只要有一步出现差池就会让整个桂冠失却完美与高贵。由此来看，人应该谨于至微之事，要想事业有成还须注重每一个细节。

曾经有一位勇者发誓要排除万难攀登一座高峰，在众人期待的目光中，他出发了。可是没过多久他就回到了人们的视线中，他辜负了大家的希望，选择了中途放弃。

后来有人问他：“你为什么没有兑现自己的誓言呢?”

“因为一颗沙粒。”勇者无奈地说。他的这个回答让所有人震惊了——使他放弃的原因竟是鞋中的一粒沙!

原来，在长途跋涉中，恶劣的气候没有使他退缩，陡峭的山势没能阻碍他前进，难耐的孤寂没有磨掉他坚定的信念，噬人的疲惫也没有使他畏惧……但不知何时，他的鞋里落入一粒沙，原本他有时间和机会把那粒沙从鞋里倒出来的，可是他并没有那样做，因为在我们这位勇士的眼中，这粒沙

实在是太微不足道了。的确，比起勇士所遇到的其他困难来说，那粒沙的存在简直可以忽略不计。

然而他越走下去那粒沙越磨脚，最后终于到了每走一步都伴随着锥心刺骨的疼痛的地步！这时他才意识到这粒沙的危害，于是，他停下脚步准备清除沙粒，却惊讶地发现他的脚已经被磨出了血泡！沙虽然被清除出去了，可是脚上的伤口却因感染而化脓。最后，除了放弃，他别无选择。

这个故事既让人替勇士的遭遇感到惋惜，也让人们深受启迪。如果我们不及时纠正细节的错误，那么这个错误会像浸在时间之河里的海绵一样越来越重，直到有一天成为让我们不得不放弃的理由。

《易经》告诫我们“差若毫厘，谬以千里”，一个人要想有所作为，就必须注重细节，不能在小处出差错。

建筑一座大楼，如果因为马虎、不严格而发生计算上的错误，整个大楼就要倒塌；炼钢如果马虎，在化学成分上有点错误，就要出废钢；在艺术工作上如果马虎，一个动作、一个唱腔、一个笔画都不严格要求，那就不可能演好戏、画好画；在财务会计工作上，错一个小数点，就会乱成“一锅粥”；在社会科学上不严格，就会因错误的分析而得出错误的结论；而要使火箭和宇宙飞船上天，不要说不能有0.01的误差，连0.00…1的误差都不能有。马虎、不严格，哪怕有再大的本领也很难取得成功。

其实，生活中很多事都可能有“90%×90%×90%×90%×90%≈59%”的结局。如果一件事情需要很多步骤，而在每一个步骤上我们都只求拿个90分的话，那么整体来说，这件事办得就不够及格水平！有时候一个细节的错误就有可能将一个人的生活引致失败的方向。因此，生活中多几分耐心和细心，及时发现并清理那些藏在我们鞋子里的沙子，我们才不至于因为细微处的错误，造成失之千里的结果。

适时反省， 及时自检

忠言逆耳利于行。

——《史记》

【智慧品读】

唐朝初年，魏王李泰喜欢文学，受到唐太宗的宠爱。朝中的有些大臣认为李泰徒有虚名，很是瞧不起他。听闻此事唐太宗大怒，召众大臣责备道：“隋文帝时，众大臣都被诸王踩在脚下。我如果放纵诸王，他们也这样做，早就使诸位蒙受耻辱了。”

这时，魏征严肃地说道：“若是法纪纲常被彻底破坏，固然不必理论。如今有圣明的君主在，魏王当然没有辱没群臣的道理。隋文帝骄纵他的儿子，最终做了刀下之鬼，这也值得效法吗？”李世民听后停顿片刻，高兴地说道：“我因私爱而忘公义，听了爱卿的话才知道自己理屈。”

俗话说：“忠言逆耳利于行”。忠实的劝告听起来往往没那么顺耳，但对我们的行动是有好处的。这个世界上，像唐太宗这样英明的君主都难免有犯错的时候。这时候，如果有人能在耳边提醒，让我们及时调整自己的心情和生活状态，处事时保持清醒头脑，倒不失为一种福分。三国吴孙权在执掌江山之初，受一些阿谀奸佞之徒的教唆，耽于游乐欢娱中不能自拔，幸有良臣张昭逆耳谏言，才振奋了精神。

有一天，孙权在武昌钓鱼台上大宴群臣，场面极尽奢华。酒至半酣的孙权畅然说道：“今天我们要不醉不归，把酒喝到极致。”孙权话音未落，张昭便沉默地走出了钓鱼台。可张昭刚刚坐定车中，孙权便派人叫他回去，说：“只是为了高兴一下，您何必生气扫了大家的兴致呢？”张昭说：“从前商纣王以此为乐，也并不认为是坏事，但最终自焚于鹿台之上。”

听闻此语，孙权面露羞愧之色，于是不再耽于吃喝玩乐，并在张昭的提

点下日日精进，及时地进行自我批评，适时反省自己的错误，改正错误，因此，东吴基业日益强大。

一个社会、一个团体、一个人都有不容易自知的问题和缺陷，必须有人来提意见才会觉悟。有人以为“各人自扫门前雪，不管他人瓦上霜”即可，而不知许多社会、团体和个人与自己的成败荣辱息息相关，提意见是不得不为之的。

生活中，身为一个领导、管理者，只有广纳群言、虚怀若谷，才能听取不同的意见，并吸收好的建议，总结犯错的教训，做出明智、深孚众望的决定。作为一个普通人，能虚心接受批评，更有可能做出非凡的事业。其实《菜根谭》中所说“若言言悦耳，事事快心，便把此生埋在鸩毒中矣”这句话说的一点也不为过。和那些经常受到批评建议、遭受生活逆境的人相比，反而是那些只听甜言蜜语、一生没有经历拂心事的人进步比较缓慢，而且这样的人犯下的错误往往无法弥补，让人悔之晚矣。

如果我们对自己的错误讳疾忌医、遮遮掩掩，虽然可以蒙混一时，但是日积月累的错误终有一日会酿成无法挽回的大错。所以，无论我们身处逆境还是身处顺境，都要保持一颗内视的心，并常听“逆耳之言”，这样，我们的德业、事业才会在磨砺中不断提高。

少事平心，　脚踏实地

诚，五常之本，百行之源也。

——周敦颐《通书》

人生最大的幸福莫过于没有无谓的牵挂，而最大的灾祸莫过于多心猜忌。君子有坦荡的胸怀，利害得失不往心里去，所以很少有忧愁和烦恼，而小人总是疑神疑鬼，反受其害。

北宋时期著名的文学家和政治家晏殊，14 岁时被地方官作为“神童”推荐给朝廷。凭借他的才学和当时的名气，晏殊本来可以不参加科举考试直接得到官职，但他觉得这样做名不正言不顺，便毅然参加了考试。当考题发下后，他发现自己曾经做过类似的题目，便主动向考官说明，并要求换一道题，皇帝得知此事后对他的诚实赞不绝口。

晏殊当官后，每日办完公事，总是直接回到家里闭门读书，而且平时也很少参加官员之间的社交活动，甚至连闲游山水时他也很少露面。皇帝了解到这个情况后，十分高兴，就点名让晏殊做了太子手下的官员。

当晏殊去向皇帝谢恩时，皇帝又称赞他说：“居官之后，爱卿还能坚持闭门苦读，精神实在可嘉。”晏殊却说：“我不是不想去宴饮游乐，只是因为家贫无钱，才不去参加。我是有愧于皇上的夸奖的。”听了这样的回答，皇帝对晏殊又多了几分赞赏。

皇帝认为他既有真实才学，又质朴诚实，是个难得的人才，过了几年便把他提拔上来，让他当了宰相。

老实在很多人的眼中是愚蠢的表现，因为他们认为，老实诚实会使自己吃亏。而晏殊的经历则给了这些人当头一棒，正是因为诚实，让晏殊的仕途一帆风顺。晏殊的经历告诉人们，老实人吃的是小亏，赚的是大便宜。人生就应该少事平心，老老实实，才能够脚踏实地，一步一步走向成功。

坦诚、朴实两大美德是一个人成功路上最坚硬的两块垫脚石。古今中外，天下最成功的人，就是像晏殊这样的老实人。他们有才学、有修养，从不多心多事，把精力浪费在猜忌和投机取巧上。生活的本质其实很简单，“福莫福于少事，祸莫祸于多心”，少事平心、坦荡做人是绝对不会将幸福和幸运拒之门外的。

事实就是这样，当一个人顾虑太多时，就会把无谓的时间浪费在揣测猜忌上，从而举棋不定，坐失良机；相反，一个心态平和，顺着本性说话办事的人，往往因为率真和诚实吸引机遇和伯乐的眼球。在实际生活中，懂得这样的道理，我们就会为自己动用心机而感到羞愧，从而有意识地让自己时时刻刻保持心境的澄明。如果一个人真的这样做了，那么无论是在工作中还是在生活中，他都会少些负担和忧虑。

有人说天下最成功的人，就是老实人。“诚，五常之本，百行之源也。”诚信老实是一切行为的根本，老实人没有机心，所以诚恳地对待生活对待人

事，他们不会接受不符合事实的赞美，也不会没有根据地错怪好人，更不会为了得到不属于自己的功名富贵而不择手段、挑战权威，所以他们最容易成功。而且从我们的实际交往中，也可以得出，一个人无论聪明与否、成功与否，都喜欢和老实人打交道。

做人难，规规矩矩、认认真真地做人更难。天下没有规矩，不成方圆。与其在人生的舞台上做出一个个高难度的杂耍技巧，不如踏踏实实地展现自己坚持练习的舞姿。一个人坦诚处世，消除猜忌之心，生活的背负就会轻些，人际关系也就跟着澄澈起来。做人、做事的道理长篇累牍，并且都有其屹立不倒的理由和根据，但褪尽浮华，我们会发现，做人只要坦坦荡荡就好。

自省自察，　完善自我

治人者必先自治，责人者必先自责，成人者必先自成。

——钱琦《钱公良测语》

【智慧品读】

现实生活，很多事情只要差之毫厘便可失之千里。比如比高瞻远瞩的志向多一点儿的奢望，是妄自尊大；比心思周密细致一点儿的忧郁，是浪费心力；比淡泊自制多一点儿的孤傲，便是自视清高；比主见多一点儿的坚持，便是执拗偏激。

所以我们需要一些可以控制这些质变发生的能力。古人云：“责人者必先自责。”在责备或者埋怨别人的错误之前，应该先反观一下自己，时常自我反省，才能够清醒做人。

当一个人学会像旁观者那样审视自己时，他不仅会认识到自己的错误、把握做事的分寸，还有可能赢得别人的钦佩和信任。

《三国演义》第六十二回中，写了庞统辅佐刘备进军西川时出现的一段小插曲。刘备设宴劳军，酒酣之际，刘、庞言语不和，刘备发怒，责问并驱赶庞统："你知道你自己说的话是多么不合道理吗？赶快给我退下！"夜半酒醒，刘备回想起自己所说的话，十分后悔。所以第二天一起来他就早早地穿好衣服，找到庞统表示出对昨晚酒后失言的歉意，他说："昨日酒醉，口出不敬之语，触犯了您，请您千万不要耿耿于怀。"庞统听后哈哈大笑。见状刘备又说："昨日的失语错误全在我一个人。"庞统则说："您与臣下都有失礼之处，怎么会只有主公犯错呢？"说完庞统向刘备深鞠一躬表示谢罪。刘备也慌忙鞠躬，双方喜笑颜开，其乐如初。

本来，酒醉失言，虽然不好，但也算不得什么大错。刘备事后却一再自责，这是他自省的结果。

正直的人不会掩盖错误，也不会打肿脸充胖子，他们会时时反省，不断自我完善。反省是一种心理活动的反刍与回馈。当一个人自省时就会把作为当局者的自己变成一个旁观者，而把另一个自己变成审视的对象，并站在旁观者的立场、角度来观察自己，评判自己。

《中庸·天命章》里有这样的话：在幽暗的地方，大家不曾见到隐藏着的事端，我的心里已显著地体察到了。当细微的事情不曾被大家察觉的时候，我的心中已显现出来了。所以君子独处的时候要更加谨慎小心，不使不正当的欲望潜滋暗长。

一个人是否具有反省能力对其为人很重要。反省可以让一个人把握为人处世的分寸、尺度，进而改变一个人的命运和机缘。它在任何人身上，都会发生大效用。因为反省所带来的不只是智能，更是夜以继日的精进态度和前所未有的干劲。当自省的人克服了自己的主要缺点，就会成为一个更强大的人。

在现实生活中，一个人有缺点和过失是难免的，只要改正，就会进步。但是，生活中往往有这样的情况：自己对别人的缺点，哪怕很小，也看得很清楚；而对自己的毛病却不易看到，甚至有时把自己的短处误认为是长处。一个人的缺点和过失对自己有害，也会影响到他人，因为缺点日积月累就会在人的头脑中形成一种思维定势，如果我们不改正，就会酿成可怕的后果。

为了避免这种情况，我们应该学着曾子的习惯"吾日三省吾身"，常常问自己对于做过的事是否已经尽心竭力了？同朋友交往，是否是诚实的？老师教授的知识是否已经真正领会掌握了？虽然给自己拔刺的过程很痛苦，但是发现自己的缺点和过失，改正自己的不足，必定会让收获大于付出。

于有限的生命悟“无生”的道理

夫天地者，万物之逆旅也；光阴者，百代之过客也。而浮生若梦，为欢几何。

——李白《春夜宴从弟桃李园序》

【智慧品读】

天和地是世间万物的旅舍，时光就是千百万年的匆匆过客，人生就像一场梦一样，几多欢喜几多愁？人生如戏台，如棋局，短暂如朝露，结束时不留痕迹，恰如做了一场大梦。在这梦中有悲喜沉浮，常令人哭时醒来醒时哭。许多人无法看清梦的真相，于是争妍斗盛，不能自拔。

因为看不透，所以便觉浮生苦，却不知浮生是场梦，醒时做白日梦，睡时做黑夜梦，现象不同，本质一样，夜里的梦是白天梦里的梦，如此而已。什么时候才真正不做梦呢？所以世人必须看透，有大彻大悟大清醒，然后才能看清浮生的虚幻。

相传，唐代有个姓淳于名棼的人，嗜酒任性，不拘小节。一天适逢生日，他在门前大槐树下摆宴和朋友饮酒作乐，喝得烂醉，被友人扶到廊下小睡，迷迷糊糊中仿佛有两个紫衣使者请他上车，马车朝大槐树下一个树洞驰去。

但见洞中晴天丽日，别有洞天。车行数十里，行人不绝于途，景色繁华，前方朱门悬着金匾，上书“大槐安国”，有丞相出门相迎，告称国君愿将公主许配，招他为驸马。淳于棼十分惶恐，不觉已成婚礼，与金枝公主结亲，并被委任“南柯郡太守”。淳于棼到任后勤政爱民，把南柯郡治理得井井有条，前后二十年，上获君王器重，下得百姓拥戴。这时他已有五子二女，官位显赫，家庭美满，万分得意。

不料檀萝国突然入侵，淳于棼率兵拒敌，屡战屡败，公主又不幸病故，淳于棼连遭不测，失去国君宠信，后来他辞去太守职务，扶柩回京，心中悒悒寡欢。后来，君王准他回故里探亲，仍由两名紫衣使者送行。车出洞穴，家乡山川依旧。

淳于棼返回家中，只见自己睡在廊下，不由吓了一跳，惊醒过来，眼前仆人正在打扫院子，两位友人在一旁洗脚，落日余晖还留在墙上，而梦中好像已经整整过了一辈子。淳于棼把梦境告诉众人，大家感到十分惊奇，一齐寻到大槐树下，果然掘出个很大的蚂蚁洞，旁有孔道通向南枝，另有小蚁穴一个。梦中“南柯郡”、“槐安国”，其实原来如此！

世人忙忙碌碌一辈子，都像淳于棼一样，窃喜自己做着轰轰烈烈的事情，过着风风火火的日子，其实大都如被放养的牛一样，由牧童牵着鼻子走。本来天地间无主宰，没有人能够牵着，可自己却被它限制了，自己不做自己生命的掌控者，这就是冥顽不灵。

看透了生命这样的本质，人们就应该对苦乐放宽胸怀，空出心智，合于自然，如此悲喜荣辱、沉浮生灭都不会让人痴狂疯魔，心也就自然能舒适一点，生活也就更闲适一些。

浮生虽如梦，但做什么，怎么做，都可以由人自己选择。如何活得更好，活得更加有意义，且看人是否能宽心，从容应对世间百态。这是佛家提醒我们思考的问题。

在有限的生命中体悟到“无生”的道理，认识到“动静一如”、“生死一体”、“有无一般”、“来去一致”的人生真谛，放宽胸怀，空出心智，合于自然，从而超越智勇奇巧，超越悲喜荣辱，超越沉浮生灭，超越时间“去”“来”的限制。

做事先做人，　正人先正己

枉己者，未有能直人者也。

——《孟子》

【智慧品读】

“枉己者，未有能直人者也”。一个有修养的正人君子要善于把握自己，己正才能正人，如果不能首先将自己的行为端正，便也谈不上去约束和领导别人。

很久以前，有一个人打算从邻居家的麦田中偷一些即将丰收的麦子，他心里盘算着，如果从每块田中都偷一点儿，别人不会察觉到，但是加起来数目却非常可观。于是，他在一个伸手不见五指的夜晚，偷偷带着年幼的女儿离开家。“孩子”，他压低声音说道，“你帮爸爸看着，如果有人来就小声叫我一声。”

随后，此人溜进第一块麦田，开始收割，刚过一会儿，女儿就轻声喊他：“爸爸，有人看到你了！”这人慌忙向四周看了看，但是一个人也没有看到，于是他把割下的麦子捆起来，又走进第二块麦地。“爸爸，有人看到你了！”女儿又悄声喊道。这人心惊胆战，停下来向四周张望，但还是什么人也没看到。他又收拾了麦子，来到第三块麦地。过了一会儿，女儿大声叫道：“爸爸，有人看到你了！”这人又一次停手，环顾四周，但还是什么人也没有看到，于是他把割下的麦子捆好，然后溜进最后一块麦地。“爸爸，有人看到你了！”女儿又叫了起来。这人停止收割，四下望去，一个人影也不见。“你为什么总是说有人看到我了？”他愤怒地质问女儿：“四下里连个人影都没有。”“爸爸”，那孩子低声说道，“有人从天上看到你了。”

每个人的心中都有一杆秤，缺斤少两的事内心都称得一清二楚，无论别人知不知道，自己的道德栅栏永远立在那里。人生当中的选择有很多，但是心灵的抉择就只有两面，一曰善，一曰恶，我们倾向哪一边，哪一边就占了主导。人人皆知，做事先做人，正人先正己；反之亦然。该挑选哪一面，不言而喻。

古语说："以约失之者，鲜矣。""约"指约束、检束、小心、谨慎，要时刻约束自己。在现实生活中，谨慎的人往往比轻率躁进的人少过失、少出错；讲话随便的人常常更容易失信。所以一个人为人处世时，要时常给自己安个过滤网，对自己的所言所行及时进行过滤，才不会说出让自己后悔的话，做出无可挽回的事。

如果你希望周围的人能够举止有修养，就要先从自我约束、自我管理做起。只有我们自己身先士卒、以身作则，周围的人才有可能如我们所希望的行为端正。

君子温和有度，小人独断专行

和气致祥，乖气致戾。

——《儿女英雄传》

中国从古代便有关于"和谐"的理念。和谐，即调和、协调使之和睦之意。"和气致祥，乖气致戾"，当一切配合得匀称、适当、协调，也就会变得和谐美好。

人或者事物，无论是大还是小，简单还是复杂，聪明还是愚昧，这些都只是外在的形式，从事物的本质来看，都是和谐的。就好像大自然，它有时生机盎然，有时又衰败零落；有时温暖平和，有时又冷酷凄凉；有时晴空万里，有时又雷电交加。虽然变化无常，却总是迎合时令，从而能够始终保持和谐，自然而然地流露本性。

为人在世无论举止言辞、情感观念都要有一个准则，不逾矩，不失范，

方能调和、和谐。要让人平和地对待你，你首先需要认真对待他。敦睦万物主要在你自己的心性修为。

姜太公得遇文王时，就对周文王提出为君治国之道。这种道体现的也是心性的谐和。

周文王问太公："我想听治国的关键，就是如何能使君王为民所爱戴，如何能使百姓生活幸福。"

姜太公答道："治国要务，首先在于爱民。"

文王追问道："怎样才能爱民呢?"

太公答道："使百姓获得利益，不要过多损害他们的切身利益。帮助他们生产，不要破坏。给他们生存的机会，不要随意加以戕害。多赐给百姓他们所需要的东西，不要加以掠夺。让百姓安居乐业，别让他们困苦不堪。让百姓喜悦，别让他们怨恨、愤怒。这就是君王爱民的关键所在。"

文王又问："君王主政之道如何?"

太公答道："君王临朝处事，要宁静而安详，温和而有节度，不可心浮气躁，刚愎自用。多听别人意见，少独断专行，虚心静气以待人，不可骄矜固执己见，接物待人要公正持平，不可徇私。"

姜太公的治国为君之道，也是"使喜怒不愆，好恶有则"，"使民无怨咨，物无氛疹"，以至"人理协调，世事太平"的方法。

大自然之所有能够保持和谐，没有什么高深莫测的奥妙，就是自然。在纷繁复杂的社会中，我们很多人会被染得五颜六色、绚烂多彩，而自己本身的颜色早已经分不清了，以致后来都忘记了自己当初的颜色是什么了。

许多东西都是可遇不可求的，那些刻意强求的东西或许我们一辈子都得不到，而不曾被期待的东西往往会在我们的淡泊从容中不期而至，因为人生是偶然和必然的机缘，也是内心自由的体现。

内心要自然流露，生命要豁达开放，首先就要拥有一颗纯净飘逸的心，随风如白云般漂泊，安闲自在，任意舒卷，随时随地，随心而安。随不是跟随，而是顺其自然，不怨怒，不躁进，不过度，不强求，不悲观，不刻板，不慌乱，不忘形。不以物喜，不以己悲。如此才能发现自己的本性，从而随性平和。

勉人为善，导人向善

为恶而畏人知，恶中犹有善路；为善而急人知，善处即是恶根。

——《菜根谭》

【智慧品读】

春秋晋国的李离，做狱官时曾因错误地采纳意见，在审理案件时做了错误的裁断，致使无辜之人冤死狱中。

虽然后来案件得到了重新审理，冤情也得以昭雪，但是李离一直对此耿耿于怀，他认为因为自己偏听一面之词，而致使无罪之人命丧黄泉，自己应该以死赎罪。

晋文公听闻此事后，马上召见李离，并说："这个案件的误判不能完全归咎于你，你又为何非要以死谢罪呢？"

李离说："我的官职不算高，但是也没有两个人一起任职；我的俸禄也算优厚，但我从来不曾和人分享。现在我犯了错，却要找个人来陪，找个人来承担，岂不是不合礼数，不合道德？"

"那照你这么说，我赐予了你官职，给了你犯错的职位，那我也跟着有罪了。"晋文公接着李离的话说。

他本想给李离一个台阶下，不想李离却说："我记得国家律法规定：错判人受刑，决断人受刑；错判致犯人死亡的，决断人也要受死。陛下本来是看着我察微决疑的才能才任命我担此职位，可是我却在自己的职权范围内犯了错。这不仅违反了国家律法，还辜负了您的一片信任。"

最后，晋文公的劝说未果，李离自刎而死。

李离伏剑谢罪的做法，是一种勇于承担责任的表现，更是拥有良知、人生至善的表现。他以死亡改良从善的行为，在现代人眼里虽然有些极端，但其背后的自省精神是值得我们学习的。

人不可能天生智慧，再聪明的人也有犯错的时候，但是犯错之后勇于改正，也是一种向善的表现。这和那些做了善事就夸大张扬的行为相比，反而有可贵之处。《菜根谭》中讲的“为恶而畏人知，恶中犹有善路；为善而急人知，善处即是恶根”表达的便是这种看法。所以对于那些做了坏事的人，我们不能总是抓着错误的尾巴不放，反而应该挖掘错误背后的善念。

在隋朝隋文帝在位时期有一个冀州刺史，在职期间命人制作标准的铜斗铁尺，并命令当地人统一用铜斗铁尺称量货物，以此制止当地商人奸诈刻薄、坑骗百姓的行为，造福百姓。随后，他将此事呈报给隋文帝，文帝对他的作为大加嘉许，并发布告示，命令全国各地一律推行此种做法。

有一次，有个人在偷割他家的蒿子时，被这个刺史的手下人捉获送到他面前，这个刺史听清原委后，说：“这是宣扬律令力度不够的缘故，他有什么罪过呢?”

说完，它不仅没有怪罪盗窃者，还好言劝慰后便让他回家了。最让人惊诧的是，他又命令手下人给窃贼送去了一车蒿子。

于是，内心惭愧的窃贼再也不干偷窃之事了。

教化别人不仅仅是简单地惩罚了事，而是要以洞明的心去发现别人内心深处的良知和善念，并以自己的德行去感化他。这个刺史载蒿赐盗，也是因为他明白那个小偷“恶中犹有善路”，从而让自己的德行牵引他，从而达到引人向善的功效。

人活一世，谁都会犯错，但是犯了错误、做了恶事并不意味着我们的心中不存在善念。对于我们个人来说，发现这种善念，并努力改正错误，善念就会被激发，如果日后我们继续坚持的话，善念就会累积为善良的人生。但我们对待别人时，不要总看到他的错误，只要稍微歪歪头，我们就能看到他错误背后的闪光点。如果此时，我们能给予他及时的教导和感动的话，他的人生也许就会因此而改变。

做好事不宣扬， 做坏事不遮掩

人谁无过，过而能改，善莫大焉。

——《左传》

【智慧品读】

世间万事有好事坏事之分，不可能件件事情都是完美无缺的。谁会一生不犯错呢？犯了错能够改正，没有比这更好的了。

有的时候，坏事于不经意间做成，或许本无关紧要，但是由于不能坦然地面对，就只能受它的牵制，遮遮掩掩，反而失去克服它的勇气与机会，也容易引来别人的怀疑。

北宋鲁宗道嗜酒如命，经常到酒店喝酒。有一天，皇帝派遣使者召见他，使臣来到他家却到处也找不着他，原来鲁宗道又喝酒去了。过了很长时间，他才晕乎乎地回来，这时已经超过了皇帝召见的时间了，使臣只好先走一步，并问他："圣上如果怪罪你来迟了，你当如何回答？"鲁宗道说："应该实话实说。"使臣好心地提醒说："若这么回答，只能得罪圣上。"鲁宗道说："我好喝酒，这是人之常情，圣上知道了也可原谅，但是欺君的罪过可就大了。"使臣便拿鲁宗道的原话禀告了皇帝。

鲁宗道入朝，皇帝问他为什么去酒家饮酒，鲁宗道谢罪说："臣家境贫穷，买不起上好的酒器，只好到酒市上去喝。今天正好有位远道而来的亲戚，便邀他喝一回。但臣子事先特意换了衣服，市人认不出我是陛下的官员，所以也无伤为官的体统。"皇帝听他一说，笑道："你身为朝廷大臣，还敢到街上饮酒，这件事如果传出去，恐怕被御史弹劾，所以你才这么狡辩吧？"皇帝虽然嘴上这么说，可心里却对他另眼看待，认为他能说实话，是个可以信赖的人。后来，鲁宗道做了参知政事。他果然正直敢言，邪佞之人都忌他三分。当时的人戏称他为"鱼头参政"。

鲁宗道喝酒误事，却因为他的坦诚和自省，坦然呈“坏”，终被皇上谅解。

为了掩饰自己做的坏事，必然要用谎言去应付别人，甚至暗地里会做更大的坏事，人也就变得虚伪。即使没有被人识破，这样的人在人群中也只会是一个祸害。

一个人做了坏事最可怕的是遮掩过后没有被人发觉，而做了好事最忌讳的是为了显耀自己宣扬出去。所以做坏事要坦诚交代，及早发现，那灾祸就会小些，如果隐瞒，灾祸就会大些。

人如果明知自己干了坏事、有某一缺点却不自我反省，不做任何改进，反而口是心非，弄虚作假，那就变成一种虚伪，一种耻辱。正人君子纵横天下，应当率性而为，真诚对人，这自然就能加深人与人之间的理解。

而如果一个人做了好事自己到处宣扬，就算有再大的功劳也会变小。在暗中默默地做好事才可能功德圆满。

真正懂得自省的智者，内心是平和宁静的，是不会刻意去显摆，或者是做了好事后期待他人的回报的。到处宣扬只会干扰内心的平静，它使你老是在想：我想要什么，我需要什么，我应当去索取什么。如果做好事而有所图，很有可能好事会变成坏事。

做了好事不要宣扬，做了坏事不要回避，应当学会坦诚面对，缺点不隐瞒，优点不显露，才是正确的做事之道。

克制情绪，平复躁气

平生只为不静，断送了几十年光阴。立志自新以来，又已月余，尚浮躁如此耶！

——曾国藩

【智慧品读】

刚考中进士的时候，曾国藩也和许多有志之士一样，踌躇满志，得意非凡。可是，在官场上，在你没有达到一定火候的时候，是没有伸展的余地的。这对于刚刚走上仕途的曾国藩来说，无疑是一种折磨。再加上耐不住翰林院的清苦与孤寂，这时的曾国藩脾气总是很暴躁，动不动就与人争吵，或者怒斥下人。曾国藩的弟弟来北京学习，与他同住，可是也常常因为他的脾气而与之发生争端，后来实在是忍受不了，他的弟弟返回了乡里。

那时候，京城有一个很有名气的程朱理学大师，名唤唐鉴，是曾国藩的同乡。这天，道光皇帝接见唐鉴，给曾国藩制造了一个机会。曾国藩早就听说过唐鉴的大名，而且很想研究程朱理学，就拜唐鉴为师。

唐鉴在了解曾国藩常常动气以后，就交给他“静”字功夫，让他对自己的言行严加修饰，并立下了日课十二条，希望他每天都能够照做。唐鉴还让曾国藩每天坚持写日记，将自己每天做的事情记录下来，之后要常常自我反思，这样就能从中看出自己的不足，不断改正自己的缺点，最终一步步地完善自己。

有一天，唐鉴看曾国藩的日记，其中写道：“从今天起，改号为涤生。涤者，取涤其旧染之污也；生者，取明朝袁了凡之言‘从前种种，譬如昨日死；以后种种，譬如今日生也’。”唐鉴对这段话十分赞赏，他说：“能够改掉以前的种种恶习，就如同送走了昨天的自己，只要你以后每天都能戒骄戒躁，心境平和，自然会获得新生。”

从此以后，曾国藩每到要发脾气的时候，就有意克制自己，久而久之，原来的心浮气躁就一点点地改掉了。每遇到烦心事，也会沉稳下来，努力想出对策之后，用心地解决问题，而不是像原来那样，总是迁怒别人。

曾经有一个失意的年轻人来到普济寺，慕名寻到老僧释圆，向他倾诉生活的艰辛。

释圆静静听着年轻人的叹息和絮叨，吩咐小和尚送壶温水来。

温水送来了，释圆亲自为年轻人沏了一壶铁观音。杯子冒出微微的水汽，茶叶静静浮着。年轻人不解为什么释圆用温水沏茶，虽为名茶，却一点儿香气都没有。

这时，释圆又吩咐小和尚：“再去烧一壶沸水送过来。”

这次仍是释圆亲自沏同样的茶，所不同的是：冒着白气的沸水注入杯中，茶叶在杯子里上下沉浮，丝丝清香不绝如缕，令人望而生津。继续注入沸水，茶叶翻腾得更厉害，香气也就更加沁人心脾了。

同是铁观音，为何茶味迥异呢？原因是水温不同。温水沏茶，茶叶轻浮水上，怎会散发清香？沸水沏茶，反复几次，茶叶沉沉浮浮，香气自然飘溢出来了。

世间芸芸众生的生活，也和沏茶是同一个道理。泡一杯好茶，一定要用沸水，只有沸水才能够将茶的味道全部浸出来。人也一样，做事要沉稳，心里浮躁就像用温水泡茶，总也不到火候。此时要想处处得力、事事顺心也是很困难的。

人身上常有的特点就是血气方刚，耐不住寂寞、忍受不了生活的清苦，这是人之常情。可是，如果我们不能够冷静对待，而是经常发脾气，把所有的怒火都移到别人的身上，那么就可能在不知不觉中得罪很多人，被别人孤立。

发脾气的时候，往往是情绪使然。如果不能很好地控制情绪，就会变得冲动，找不准事情发展的方向，也不能很好地想到问题的解决办法。这个时候，最好想办法让自己先冷静下来，只有平息了浮躁之气，才能想出最完美的对策。

谦虚低调而不锋芒毕露

好高人愈妒，过洁世同嫌。

——《红楼梦》

【智慧品读】

任何好品种的花朵，都必须要经过设计布置，才能摆在客厅里，如果只会孤芳自赏或自命清高，永远是野花，摆不进客厅的。“墙角的花，你孤芳自赏时，天地便小了。”作家冰心这首隽永的小诗是对孤芳自赏者最好的回答。

一个人有了一定的才气与能力，自然身价倍增。但这并不是骄傲的资本，更不能因此而自恃清高，或不把别人放在眼里，或与世隔绝，标榜自己的与众不同。

清高是一种美德，不要造作，脱俗是一种节操，但不必矫揉，前者容易偏激，后者则容易怪诞。因此，清高与脱俗在于心中的感知，不必过分地夸饰。

魏晋时期，统治阶级集团内部的矛盾斗争特别尖锐，司马氏与曹魏贵族两大集团为争权夺利，互相钩心斗角。很多士大夫因为依附了一方而遭到另一方的仇视，最终做了政治斗争的牺牲品。因此，在这种特殊时期，如何在乱世中保全自己的性命，就成了许多人不得不思考的问题。

孙登是汲郡共人，他孑身一人，就在北山上挖了一个窑洞隐居下来，到了夏天他为自己编草做衣，到了冬天便蓄长发覆身。孙登平生喜爱读《易经》，悠闲无事之时还常弹琴以供娱乐。孙登的性格温良，从来不生气。有一次，几个人商量好要捉弄孙登，把他抬起来丢到水里，想要看看他是否真和传言中一样不会发怒。过了一会儿，孙登湿淋淋地从水中爬起来，不但没有生气，反而哈哈大笑，毫不介意。这时，大家都无话可说了。

当时的名士嵇康受魏文帝所托，前去拜访孙登，并且同他一起生活了三年，嵇康问孙登的人生目标是什么，他默不作声。直到后来嵇康要回去了，告别的时候对孙登说："先生难道就真的没有任何话要跟我讲吗?"

孙登这时才说："你认识火吗？火生起来就有光焰，如果不会用光，光就如同虚设，没有实际的作用。只有懂得用光，光才会有意义；人一生下来就有才能，但如果不会使用自己的才能，便会招来祸害。因此，用光焰在于得到木炭，才能保持光明，用才能的目的就是认识事物的本来面目，获得道德的真谛，这样才能保住自己的寿命。现在，你虽然很有才，但孤陋寡闻，见识浅薄，很难脱离世俗的环境，希望你谨慎。过于想发挥自己的才能就很容易招惹是非，除了让别人知道自己的才能之外，人生还是有别的追求的。"

嵇康没有听孙登的话，后来终于应了孙登的预言，被司马昭以不忠于朝廷等罪名杀害了，死时只有 39 岁。临终之时，他才后悔不迭。

孙登并不是消极应世，只是在保全自身，而嵇康鄙视权贵，不为之所动，在人看来也是一种清高脱俗的节操，但是过激了，不懂得掩饰自己的锋芒，从而导致遭人忌恨，最后被杀。

世界上有很多这样的理想主义者，在他们看来，自己就像坠入凡尘的天使，周围的一切都应该根据自己的需要而设定，因此周围的人都可能会被他

们贬为“俗物”。《红楼梦》中给妙玉的判词是“好高人愈妒，过洁世同嫌”。这样的人，难免会惹人厌烦，何况他自己也未必真的能达到高洁的境界，妙玉不就是“云空未必空”吗？因此最后连自己也给否定了。

孤芳自赏、自恃清高的人很容易刚愎自用，听不进别人的善意谏言，行事恣情纵意，到头来可能因此而得罪了他人，断了自己的后路。与世隔绝，不一定能够达到高洁的目的。人要想彻底脱离这个世俗的环境，是不太可能的。只有在世俗的环境里，修身养性，做到洁身自好，才算是清高与脱俗。

富贵不足炫耀， 才智不可仗恃

惟德动天，无远弗届，满招损，谦受益，时乃天道。

——《尚书·大禹谟》

吴王渡过长江，登上猕猴聚居的山岭。猴群看到吴王打猎的军队经过，都惊慌地躲进了荆棘丛生的山林深处。而有一只猴子却很例外。它从容不迫地翻身越过一个个树枝，灵活地跳来跳去，在吴王面前展示它高超的本领。吴王用箭射它，它也巧妙地腾身避过一枝枝飞来的利箭。吴王于是召集身边所有打猎的人，一起发箭，猴子终于躲避不及，抱树而死。

故事中的猴子很聪明，也很灵活，但是它却倚仗自己的敏捷而不把吴王放在眼里，以致付出生命的代价。可见，恃才要不得！学问高时意气平，人生活在社会上必须要有“空杯”的心态。只有将自己的姿态放低，才能从别人那里学到知识、智慧。相反，如果不管什么时候都锋芒毕露，不但自己的才学无法长进，修养无法提升，而且会给自己遭来灾祸。

骄傲自满是一个可怕的陷阱，而且这个陷阱往往是人们自己亲手挖掘的。人有才智而不知收敛，结果与愚人无异，弄不好还正应了“聪明反被聪明误”

的俗语，给自己招来杀身之祸。“满招损，谦受益”，为人还是谦虚些好，恃才不可傲物，为富亦不能不仁。

石崇家中美女无数，每次请客宴饮，都有美人劝酒；客人若不干杯，立斩美人。一次丞相王导和大将军王敦到石家赴宴，素不善饮的王导怕美人被杀，便勉强饮酒，直到大醉。轮到王敦喝酒，他却故意推辞，致使石崇连杀三个美人。

石崇和王恺斗富，晋武帝是王恺的外甥，经常帮助王恺。武帝曾经送给舅舅王恺一枝二尺多高的珊瑚树。王恺拿来珊瑚树给石崇看，石崇却拿铁如意打碎了它。王恺极为惋惜，石崇说：“不必遗憾，现在就奉还。”于是令左右拿出家中全部珊瑚，王恺一看，见有三四尺高的，枝繁叶茂，光彩夺目，惘然若失。

王恺曾用饧糖和干饭擦锅，石崇则用蜡烛烧火做饭。王恺用赤石脂涂壁，石崇用花椒和泥。王恺常为三件事敌不过石崇而遗憾：石崇给客人做豆粥速度极快；冬天可以吃上韭齑这种菜（用韭根等制成）；石家牛外形体力均不如王家牛，但速度奇快。

后来石崇的卫队长告诉王恺说：“豆末最难煮烂，所以事先煮好，待客人来后加进白粥里就可以了；把韭菜根切碎，搀上麦苗就成了韭齑。”驭手也告诉王恺：“牛本来跑得不快，驭手驾牛车时让车的重心偏向一根辕木，这样另一侧的车轮和地面的摩擦减轻，车子便跑得快。”王恺仿效行之，都胜过石崇。石崇调查出事实真相，便将泄密者全都杀死。

石崇的宠奴绿珠极为美艳，又善吹笛。孙秀闻知，派人向石崇讨求，石崇不肯，于是孙秀矫诏逮捕了石崇。

晋朝的石崇就是因为为富不仁、暴殄天物，遭人嫉妒、憎恨，而给自己带来祸患。家财万贯而为人刻薄寡恩，就会陷入终日钩心斗角、与人争利的苦海中，完全丧失生活乐趣，丧失周围的亲友，到头来落得孤立无援、空虚寂寞，甚至给自己引来杀身之祸。只有心存善念，才能风波不起，广施善行，才能天下太平。

聪明是人们成就事业的内在要求，财富是人们做事的经济基础。上天赐予人聪明才智，是为了让他来教化愚昧，而不是卖弄才华，揭人之短；上天给予人钱财，是让人扶贫济困，而不是仗势欺人、铺张浪费。所以，富贵不足炫耀，才智不可仗恃，只有宽厚仁慈、谦虚低调才是智慧的处世之道。

立身要有自知之明、不恃才傲物，谦虚低调为本，为富应该不攀比、不炫耀，而应当仗义疏财、扶困济危。否则，才能和富贵给人带来的不仅不是好处，反而是灾祸。

闲时吃紧， 忙处悠闲

张而不弛，文武弗能也；弛而不张，文武弗为也；一张一弛，文武之道也。

——《礼记》

古语说："身不宜忙，而忙于闲暇之时，亦可儆惕惰气；心不可放，而放于收摄之后，亦可鼓畅天机。"意思是说，身体不宜过于忙碌，但是在闲暇的时光中找一点事情来做，就可以防止懒惰；心灵不宜过于闲适，但是在紧张之中放松一下，也可以捕捉到内心的灵感，领略到生活的真谛。

音乐之所以扣人心弦，就在于它懂得收放缓急，就像《梁祝》中有缠绵柔美的爱情渲染，也有雷鸣闪电般的反抗挣扎。一曲听完，我们也仿佛经历了一场切身的情感，思绪万千。这就是变化的魅力。

生活也与音乐相似，需要不同的节奏来改变心情，转换方向。如果总是处在单一的环境中，就很容易厌倦。正如只有平时紧张地学习，才会觉得周末分外珍贵和放松，如果长期无事可做，又会向往上学、工作。新鲜的环境和节奏总是让人精神振奋，有一种从头开始的激情；崭新的目标也会让人重新审视自己，找到属于自己的天地。

当你在一种状态中感到乏力时，不妨换一个节奏来放松自己，或者稍稍调整一下方向，往自己擅长的路出发。这种转换在整个人生轨迹中是一种调和的艺术。譬如饮酒，干杯则不如酒味，泥醉则不如微醺，要小酌，取之刺激与温醇的中和。

在很多学者看来，中国人生活的最高典型就应属于这种调和的生活。林语堂先生在《谁最会享受人生》中，深刻地剖析了中国人的生活模式，提出要摆脱过于烦恼的生活和太重大的责任，实行一种闲忙适宜、无忧无虑的生活哲学。

林语堂先生说："我相信主张无忧无虑和心地坦白的人生哲学，一定要叫我们摆脱过于烦恼的生活和太重大的责任。中国最崇高的理想，就是一个人不必逃避人类社会和人生，而本性仍能保持原有的快乐。"

其实，我们现实中的生活状态就应是"闲时要有吃紧"，"忙处要有悠闲"，这是一种介于忙与闲两个极端之间的那一种有条不紊的生活。这样的人仿佛在走着中庸的平衡木，在动作与静止之间找到了一种完全的平衡。

古人云："一张一弛，文武之道也。"人生也应该有张有弛，也应该忙中有闲。人生这把弦琴，弦太松了，弹不出优美的乐曲；太紧了，就容易断，只有松紧合适，才能奏出舒缓优雅的乐章。

悠闲与工作并不矛盾。处理好二者的关系，最重要的是能拿得起，放得下。工作时就全身心投入，高效运转。放松时就放松，把工作完全放在一边，不要总是牵肠挂肚，去钓鱼、去登山、去观海，完全地放松身心。

其次就是工作休闲应该搭配得当，不能忙时累个半死，闲时又闲得让人受不了。可以隔三差五地安排一个小节目，比如雨中散步、周末郊游等。适时地忙里偷闲，可以让人从烦躁、疲惫中及时解脱，从而获得内心的平静和安详。

灵活变通，给心灵注入一泉活水

易，穷则变，变则通，通则久。

——《易经》

有一位建筑师和一位逻辑学家，是无话不谈的好友。一次，两人相约赴

埃及参观著名的金字塔。

到埃及后，有一天，逻辑学家住进宾馆后，仍然继续写自己的旅行日记。建筑师则独自在街头徘徊，忽然耳边传来一位老妇人的叫卖声："卖猫啊，卖猫啊！"

建筑师一看，在老妇人身旁放着一只黑色的玩具猫，标价500美元。这位妇人解释说，这只玩具猫是祖传宝物，因孙子病重，不得已才出卖以换取住院治疗费。建筑师用手一举猫，发现猫身很重，看起来似乎是用黑铁铸就的。不过，那一对猫眼则是珍珠的。

于是，建筑师就对那位老妇人说："我给你300美元，只买下两只猫眼吧！"

老妇人一算，觉得行，就同意了。建筑师高高兴兴地回到宾馆，对逻辑学家说："我只花了300美元竟然买下了两颗硕大的珍珠！"

逻辑学家一看这两颗大珍珠，少说也值上千美元，忙问朋友是怎么一回事。当建筑师讲完缘由，逻辑学家忙问："那位妇人是否还在原处？"建筑师回答说："她还坐在那里，想卖掉那只没有眼珠的黑铁猫！"

逻辑学家听后，忙跑到街上，给了老妇人200美元，把猫买了回来。建筑师见后，嘲笑道："你呀，花200美元买了个没眼珠的铁猫！"

逻辑学家却不声不响地坐下来摆弄这只铁猫，突然，他灵机一动，用小刀刮铁猫的脚，当黑漆脱落后，露出的是黄灿灿的一道金色印迹，他高兴地大叫起来："正如我所想的，这猫是纯金的！"

原来，当年铸造这只金猫的主人，怕金身暴露，便将猫身用黑漆漆过，俨如一只铁猫。对此，建筑师十分后悔。

此时，逻辑学家转过来嘲笑他说："你虽然知识很渊博，可就是缺乏一种思维的艺术，分析和判断事情不全面、不深入。你应该好好想一想，猫的眼珠既然是珍珠做的，那猫的全身会是不值钱的黑铁所铸吗？"

建筑师因为只拘泥于表面的现象，所以没有看到"铁猫"的价值。这说明，人们在做事情的时候不要过分拘泥，亦不要冥顽不灵，否则将错过很多对自己而言非常有价值的东西。

现实生活之中，事情都不是一成不变的，如果始终用一种思维方式去思考问题，总有一天会吃亏的。

聪明的人们应该灵活变通、创新思考，时时不忘给心灵注入一泉活水，才能有意外的收获。而且有时候，灵活一些，换一种思维方式思考或许会更有利于问题的解决。

在一个暴风雨的日子，有一个穷人到富人家讨饭。

“滚开!”仆人说，“不要来打扰我们。”

穷人说：“只要让我进去，在你们的火炉上烤干衣服就行了。”仆人以为这不需要花费什么，就让他进去了。

这个可怜人，这时请求厨娘给他一个小锅，以便他煮点石头汤喝。“石头汤?”厨娘说，“我想看看你怎样能用石头做成汤。”于是就答应了。穷人到路上拣了块石头洗净后放在锅里煮。

“可是，你总得放点儿盐吧。”厨娘说。她给他一些盐，后来又给了些豌豆、薄荷、香菜。最后又把能够收拾到的碎肉末都放在汤里。

当然，你也许能猜到，这个可怜人后来把石头捞出来扔回路上，美美地喝了一锅肉汤。不过，如果这个穷人直接对仆人说：“行行好吧！请给我一锅肉汤。”那将得到什么结果呢？答案不言自明。

“穷则变，变则通，通则久”，穷途末路之时要想着改变，有改变才能有通达，通达以后事物才能长远地发展，达到无往不利的境界。故事中乞丐正是运用变通的思维，起到了点石成金、化腐朽为神奇的作用。

随着社会的发展，创造性思维显得越来越重要，也越来越被人们所认识。谁要想使自己的工作产生超凡出众的效果，谁要想在竞争中立于不败之地，谁就应该跳出传统的思维定式，学会运用创造性思维。因此，不论在工作中，还是在生活中，人们都应学会运用变通思维去看问题和解决问题。

身居闹市，宠辱不惊

斋宿日观，天鸡一鸣。万籁俱息，但闻钟声。后有毒蛇，前有猛虎。神定不慑，谁敢予辱！

——曾国藩

【智慧品读】

一天，光严童子为寻求适于修行的清净场所，决心离开喧闹的城市。在他快要出城时，遇到维摩居士。维摩也称维摩诘，是与佛祖同时代的著名居士，他妻妾众多，资财无数，一方面潇洒人生，游戏风尘，享尽世间富贵；另一方面又精悉佛理，崇佛向道，修成了救世菩萨，在佛教界被喻为“火中生莲花”。光严童子问维摩居士：“你从哪里来?”

“我从道场来。”

“道场在哪里?”

“直心是道场。”

听到维摩居士讲“直心是道场”，光严童子恍然大悟。“直心”即纯洁清净之心，即抛弃一切烦恼，灭绝了一切妄念，纯一无杂之心。有了“直心”，在任何地方都可修道；若无“直心”，就是在最清净的深山古刹中也修不成正果。

生活中，很多人都喜欢把失败归因于周围的环境，而很少有人考虑到自身。事实上，正如维摩诘所讲，直心是道场，如果人们内心纯洁清净，没有杂念，任何地方都可以修道。

在熙熙攘攘的人群之中，假如能冷静地观察事物的变化，就可以减少很多不必要的心思；一个人穷困潦倒不得意时，仍能保持一种向上的精神，就可以获得很多真正的生活乐趣。世界充满了纷纷扰扰，人的心灵当似高山不动，不能如流水不安。

居住在闹市，在嘈杂的环境之中，不必关闭门窗，只任它潮起潮落，风来浪涌，我自悠然如局外之人，没有什么能破坏心中的凝定。身在红尘中，而心早已出世，在白云之上，又何必“入山唯恐不深”？

人们如果淡泊外物，宠辱不惊，即使身处闹市也能保持内在的宁静，不为外在的喧嚣所打扰，即使落寞失意也仍然可以不因一时的失意而苦恼，而是能够自得其乐，在淡泊中奋起。

多年前，一家钢铁厂经营不景气，亏损高达15亿元。在众人都纷纷离去的时候，厂长并没有放弃经营，而是继续坚持下去。在别人看来，这是一个错误的决定，因为钢铁厂债重难还，而生产设备又落后，员工凝聚力涣散，这是一个巨大的洞，根本无法填平的洞。

面对种种议论，厂长却坦然地说：“当年我来到这个钢铁厂的时候，口袋里只有五元钱，是这个厂令我成功，现在是我回报它的时候了，如果我失败了，那就等于损失了五元钱。”

最终，年近六旬的厂长从别墅里搬出来，住进了那家破败的钢铁厂。三年后，工厂起死回生，开始大量盈利。

仔细想想，一时的得与失真的没那么重要。人们应该有这样一种态度：保持宠辱不惊的心态最为重要。

宠辱不惊的人是幸福的，这种心态使人心更加淡泊，更加自由，没有羁绊。宠辱不惊是不慕名利，远离喧嚣和纠缠，走向超越；宠辱不惊是遭受挫折时仍有与花相悦的从容；宠辱不惊是别人都忙于追名逐利时仍然保持淡定。只有宠辱不惊，才能真正享受人生，在努力中体验欢乐、充实自己。

曾国藩看透了这一点，于是《主静箴》中提到：“斋宿日观，天鸡一鸣。万籁俱息，但闻钟声。后有毒蛇，前有猛虎。神定不慑，谁敢予辱！”意思是他每天在日观里斋戒，早晨听到公鸡鸣叫。一切都很静谧，只有寺庙里钟声回荡。即使毒蛇在身后，眼前有猛虎，只要我神态自若，不恐慌害怕，还有谁能够侮辱我呢？他用这八句箴言警示自己，做到淡泊名利，就能够宠辱不惊，专注地去做自己想做的事情，心无他物，通往至圣的正途。

身忙心不忙

忙处不乱性，须闲处心神养得清；死时不动心，须生时事物看得破。

——《菜根谭》

【智慧品读】

人生要想做到忙碌的时候心性不乱，必须在清闲的时候就培养好清醒敏捷的头脑；要想在死亡面前不感到畏惧，必须在平时就对人生悟得透彻。

有一只狐狸想溜进一个葡萄园里大吃一顿，但是栅栏的空隙太小，它钻不进去。在狠狠地节食了三天后，它总算能钻进去了。但是当它大吃一顿以后，却又出不来了，只好在里面又饿了三天，才出得来。这只狐狸感慨地说："忙来忙去，到头来还是一场空。"

当你一个人静下来的时候，有没有问过自己是否像这个故事中的狐狸一样忙来忙去，最终却一无所获？生活有时候会忙乱不堪，停滞不前，甚至走投无路，而这种困惑往往源于自己内心的混乱，思想家梁漱溟先生称之为生命的淤塞。生命如水流动，一旦淤塞便会浑浊，让你看不清生命的真谛。生活之乱，也正是因为心被他物所遮掩了，人变得惶惑不安，不知何去何从。

要想在事务繁忙的时候保持冷静的态度而不至于本性大乱，就必须在平时修身养性；要想在生命走向终结的时候能够从容镇静，就必须在平时对生死有透彻的领悟。

忙与不忙，惧与不惧，事实上都是我们内心的状态，当我们能把太在乎的东西放下，用一种坦然自然的心态去做人做事，那么再忙也只是身忙。心不忙，面对生死也能镇定自若了。

一日，弟子向僧密禅师请教："请师父谈一谈生死之事。"

僧密禅师说："你什么时候死过?"弟子说："我不曾死过，也不会，请师父明示。"

僧密禅师说："你既不曾死过，又不会，那么，只有亲自死一回方能知道死是怎么一回事。"

弟子大惊："难道只有亲历才能知道生死之事吗?"

僧密禅师说："相传六祖慧能禅师弥留之际，众弟子痛哭，依依不舍，大家都将他视为再生父母。六祖气若游丝地说：'你们不用伤心难过，我另有去处。'"

弟子开悟："原来，生死只是里程碑!"

禅师想要告诉弟子的道理是：不要太在意生死，如此才能看破生死。

这个世界总是处在因果循环中，有得必有失，有福必有祸，有生必有死，既然是这样，很多东西我们是无法去创造和左右的。

彻悟生活，看破生死。不是学曹孟德"譬如朝露，去日苦多"的叹息，也不是拾苏东坡"人生如梦"的无奈，更不是看破红尘的消极颓唐。而是想，人生苦短，生命易逝，今天能健康、自在、安乐地活着，我们就没有什么理由不去珍重生命、热爱生活，过好生命中的每一天。今天就是生命——是你唯一能确知的生命，少了忧虑，恰好也落得潇洒与清净。

也许我们放弃了舟马，但却收获了滋润的心灵。在人生路上慢慢地行走着，以一颗探求的心灵，携一份悠闲淡泊的神思，看一看人间百态，品一品世间甜苦，闻一闻鸟鸣虫唱，嗅一嗅芳草鲜花，不做高深的评论，"忙不乱性，死不动心"，只须用心去感触、去领悟，你就会发现生活是如此五彩缤纷。

以包容之心存异求同

人平不语，水平不流。

——钱德苍《缀白裘》

【智慧品读】

凡夫俗子眼中的世界有差别，超越世俗的圣人视万物无差别。这是因为凡夫俗子乃用俗眼观物，而圣人则用道眼观物。

所谓“道眼”可以理解为“平常心”。古语云：“人平不语，水平不流。”人生在世，只要怀着一颗平常心去看待事物，就不会有怨言，也就不会有是非，就像是高低平正的水不会流动。

平常心是一种生活的大智慧，是踏踏实实行走在生命路途上诚挚的热情。有句话说得好：“人生自守，枯荣勿念。”对每个人来说，得志与失意在所难免，不妨以一颗平常心来对待，不必在意那么多的得与失。

看待世间万物亦需要一颗平常心。世间万物本来一样，无高低贵贱之分，草木也不分枯好还是荣好，人与人之间皆是平等的，人的身份只是人，并没有贵人、普通人之分。因此，我们在面对荣枯人生时，也应该抱着一颗平常心，如此，世间的事物也将变得更加美好持久。

土地能转化粪便的性质，人的心灵则可以转化苦闷与失意的流向。在这转化中，每一场沧桑都成了唇间的美酒，每一道沟坎都成了诗句的源泉。

粪便是脏臭的，如果我们把它一直储在粪池里，它就会一直这么脏臭下去。但是一旦它遇到土地，就和深厚的土地结合，成了一种有益的肥料。之所以会有两种截然不同的结果，就在于人们对待它的方式。

对于人而言，失意也是这样。如果把失意只视为失意，那它只会让我们变得更加苦闷。但是如果让它与我们的精神世界里最广阔的那片土地去结合，它就会成为一种宝贵的营养，让我们在失意的时候也能感受到生命的希望，最终能如凤凰涅槃般，体会到人生的甘甜和美好。因此，即使是面对粪便，拥有一颗平常心，也能让我们感受到世间事物的美好。

而有时人们之所以不能以平常心对待世间万物，皆因他们的内心抱有“差异心”。世界上没有两片完全相同的树叶，更不会只存在一种树木、一类植物，这就是世间万物的差异性，世界本因差异而精彩，因为差异而进步。然而世间万物又是一个整体，虽然存在着巨大的差异，但是本质上依然相同。

人与人之间也有着众多的差异，如生活背景、生活方式、个性、价值观等的差异。如何在差异中寻找平衡点呢？如何做到相互包容、求同存异、真诚相对？需要的只是一颗平等心。无论是贫贱、荣辱、得势、失势，到头来，终究是一场空。去掉差别心，以平等的心态对待人和事，于是，一颗心变得平和了，变得开阔了，人在我们眼中也变得可爱了，世界成了一片琉璃色。

面对枯荣人生，成败与得失纷纷扰扰，我们不妨随常以待，以一颗平常心看尽世间万物。凡此种种，随心就好。

吾日三省

吾日三省吾身，为人谋而不忠乎？与朋友交而不信乎？传不习乎？

——曾子

《论语》中记载曾子每天都会多次反省自己：为别人做事情是否做到了忠诚？交朋友时是否做到了诚信？老师教授的东西有没有温习？

这个世界上，没有十全十美的人，也没有毫无闪光点的人。人生的升华往往只在一念之间，懂得运用思想自省自戒的人才有升华人生的力量。所以

说，一个人有很多毛病并不是可耻的事，相反，那些看不到自己毛病的人才是最令人担忧的。所以，在头脑中长存一种评判自我的优良思想就显得尤为重要。

野马驰骋荒原固然洒脱自在，但放纵自然的只能自然地死，这匹野马固然有上好的奔跑能力也不可能成为千里良驹。我们人类应该从中悟出启示，一个梦想辉煌的人生切不可在无所事事、懵懵懂懂中放任时光流逝。动用思想的力量，自省走过的道路、自戒道路中的迷途，这样的人生才不枉费时光。

一个犯人从监狱里逃到了一个没有人认识他的乡村。想到自己以后还要生存，他开始在这个乡村的集市上偷别人的钱。有一天，当他站在路边寻找偷窃对象时，一个老汉走过来，说："兄弟，你能帮我看一下我的这车菜吗?我刚才出门急忘了带东西，想回去取，但是推着车实在太累了。"他犹豫了一下，点点头。老汉离开了，他尽心地看着。为了这份信任，一个素不相识的老汉，一个略显尴尬的请求。他想着自己越狱后的生活，面对那个老汉的信任，他觉得自己实在是龌龊。过了好一会儿，老汉回来了，并对他十分感激地说："谢谢这位兄弟，您真是个好人!"

"好人?一个逃犯，越狱出来，以偷钱度日。我身上背负着沉重的罪孽，还从监狱里逃出来，这无疑又加重了自己的罪，但居然有人说我是好人!"

这个逃犯这样反省着自己的人生和逃狱后的生活，他感觉自己正在向更恶的方向滑去。这件事发生的那天晚上，他一夜未睡。

第二天，这个犯人踏上了自首的路。这个决定让他最终无法重获自由，后半辈子都得在铁窗下度过。在审问中，狱官问他为什么选择了自首，他深深地叹了口气，讲述了自己遇见那个老汉的经过。

他说："无论是入狱前，还是入狱后，甚至出逃后，我都没有好好省察过自己的生活、品行等方面。但是老汉的信任忽然让我明白了我不能这么浑浑噩噩地过下去。"

他沉思了一会儿，接着说："虽然，我重新回到了监狱，在高墙铁窗下度过余生，但是这也比逍遥法外的时候，每天面对内心的煎熬要坦然许多。"

这个逃犯做出了让自己永远无怨无悔的决定，原因不在别处，就在内心。原来，人要面临的最大的不幸不是身体的不自由，而是精神的浑浑噩噩、生活的游手好闲，而调动自省的精神力量便可从中解脱。

当我们闭塞自省的心时，我们无法辨识自己意念的好坏，从而可能滑向错误的深渊。也许事后，我们会痛心疾首、悔不当初，但是世上没有一种药剂，能够倒转时间，重新给人一个选择的机会。

我们的生活就是一个思考、自省的过程。工作取得进步、生活有所改善、修养有所提高，都是在自省中改正错误、优化行动的深入过程。思考得多了，自省得多了，可以想到的避免错误的方法自然就多了。

当一个猎人打着了一只兔子后，他就会想办法去猎一只鹿；当他猎到一只鹿后，他就会想如何去打一只熊。而只有这样不断地思考，不断地总结，并不断地寻找更好更有效的方法，才有可能成为一名优秀的猎人。细想一下，生活、工作、修身何尝不是如此？

然而，在实际工作过程中，有很多人却不懂得自省自戒、进行思考对于解决问题、突破人生局限的重要性，其实，突破自己现有的成绩，只需多些思考人生未来的心思和改变自己的勇气和行动，我们就可以像千里马一样，摆脱野马的命运。

顺境坦然，逆境淡然

有志者、事竟成，破釜沉舟，百二秦关终属楚；苦心人、天不负，卧薪尝胆，三千越甲可吞吴。

——蒲松龄

身处顺境之时，应该警惕乐极生悲；身处逆境之时，应该相信苦尽甘来。人的一生之中，不可能总是一帆风顺，总会遇到点儿风风浪浪；也不可能总是坎坷歧途，总会有云散日出之时。

如果人们因为一时的顺境而迷失自我，或者因为一时的逆境而自甘堕落，那么他们离失败也就不远了。相反，如果人们能够在春风得意之时居安思危，

在困厄缠身之际充满希望，那么他们的成功之路也就在脚下了。

上天是公平的，乐极易生悲，苦尽甘自来。宝剑锋从磨砺出，梅花香自苦寒来。生命中本就有许多不如意的事，无论谁都应该学会忍受。绝处逢生，天无绝人之路，只要有百折不挠的勇气和决心，黑夜过后一定是黎明的曙光，寒冬过后一定是雪花初融的春天。任何人想站在群山的最高处，都得先学会如何忍受寒冷和黑暗。

“有志者、事竟成，破釜沉舟，百二秦关终属楚；苦心人、天不负，卧薪尝胆，三千越甲可吞吴。”对于蒲松龄的这段话，大多数人都不陌生，而这段话中“卧薪尝胆”一词更是家喻户晓的经典成语。

春秋时期，越王勾践在一次战争中被吴国夫差打败，带领所剩的五千兵马逃到了会稽，还是被吴军围了个水泄不通。于是越王只能向吴国屈辱求和。在吴王的威逼之下，勾践到吴国宫廷中服了三年的苦役，过着牛马不如的生活。勾践被释放回国之后，为了奋发图强报仇雪耻，他睡觉躺在硬柴上，坐卧饮食都要尝一下苦胆，告诉自己不能忘记国破家亡的痛楚，激励自己的勇气和斗志。经过几十年的休养生息和不懈努力，他最终战胜了吴国。

圣人讲：“天将降大任于斯人也，必先苦其心志，劳其筋骨，饿其体肤，空乏其身，行拂乱其所为，所以动心忍性，增益其所不能。”这段话用在越王勾践身上，再恰当不过了。在国家危难之时，他不但没有消沉，反而能够承担起复兴国家的重任，屈尊降贵，只是为了捕捉时机，等待苦尽甘来的那一天。

人生必须厚积薄发，时机未达之时，静若处子，沉心定气；一旦时机成熟，动如脱兔，灵敏应对，抓住机遇，扶摇直上。生活是一件艺术品，每个人都有自己最美的一笔，每个人也都有不尽如人意的一笔，关键在于人们是否能在完美中看到不足，在缺憾中看到希望。

先省悟，后反省

曾子以此三者日省其身，有则改之，无则加勉，其自治诚切如此，可谓得为学之本矣。

——朱熹《论语集注》

【智慧品读】

什么才是真正的智慧？所有的智慧就藏在我们的周围，大自然和我们的人生其实都有智慧的足迹。我们的生活中并不缺乏智慧，只是缺乏一双去发现智慧的眼睛而已。这双能发现智慧的眼睛便是我们对生活、对周边世界的一种觉悟。

觉悟是一种智慧，它是长时间思考后灵感在一瞬间迸发出的光芒；它也是历经人生后那无言的微笑。悟的主体则是自己的心，也就是生活中的自己；悟的结果便是从烦恼中解脱出来，看清生命的究竟和生命的本源，也看清真正的自己。

季羡林先生在一篇名为《反躬自省》的文章中提到，自省要从认识自我开始。他在剖析自己的时候说，自己并不是天才，也不是蠢材，资质中等，喜爱绘画和音乐，但中学的时候，他的绘画水平已落后于其他同学，他曾为此深深地感到无奈。季老觉得自己是个谨小慎微、性格内向之人，有自己的私心，也为别人着想。曾经犯过错误，伤害过一些人。但在大是大非面前，会挺身而出，不计较个人利害。所以，季老觉得自己是个好人，是个讲原则的人。

反思令人知得失，晓进退，不必总是马不停蹄地奔跑，偶尔停下来想一想你的人生、生活，或许这样更能让你明白生活的真谛。所以，人们常用自省这个词来警示自己、提醒他人，但是对“省”的真正含义或许不会全然知晓。

省有两解：一解为省悟，一解为反省。先有省悟后有反省。省悟是自我认知的过程，反省则为自我检查之意。时时反省才能让自己清醒。所以说，反省是一面镜子，它可以照见心灵上的污垢，继而照亮前进的路途。

陈子昂是我国初唐著名诗人。他的老家在梓州射洪（现在的四川省射洪县），幼年时他就随父亲一起来到了京城长安。由于父母平时对他非常娇惯，所以他长到十几岁时仍然不爱读书，每天只知道跟朋友出城打猎、游玩，要不就是四处找人斗鸡赌钱。

随着时间的流逝，陈子昂渐渐长大了，这时他的父母才发现自己的宝贝儿子不学无术，一无所长，开始为他的前途担忧。父母对他平日里的行为也看不下去了，多次劝他除掉身上的恶习，潜心读书。可陈子昂早就游荡惯了，哪里听得进去。

有一天，他在游玩途中路过一处书塾，在窗外无意中听到老师在说这样一段话："一个人会享受荣誉还是蒙受耻辱，完全取决于他本人的品德。品德好的人，自然会享受荣誉；品德坏的人，也自然会蒙受耻辱。一个人如果放任自流，行为举止傲慢，身上具有邪恶污秽的东西，就无法得到他人的尊敬。要想成为一名君子，就要让自己博学多才，还要经常用学来的道理对照自身进行检点。如果坚持这样做下去，你的学问和知识就会越来越多，行为上也很难有什么过失了。俗话说得好：'少壮不努力，老大徒伤悲。'在生活中，我们看到别人能做一番大事业时总是非常羡慕，可是你哪里知道，人家之所以能够取得成功，是下了一番苦工夫的！不经过自身的努力就想得到学问，那就如同缘木求鱼一样可笑。"

无意中听到的一番话，让陈子昂的内心受到很大的触动。他忘记了游玩，马上赶回家，在自己的屋中反思起来，回想自己以前做过的荒唐事，心里追悔莫及。从那一天起，陈子昂毅然跟原来那些朋友断绝了来往，把在家中饲养的各种小动物也都放生了，从此和书本成了朋友，每天书不离手，刻苦地学习，后来成为一名伟大的诗人。

可见，反省可以"自知己短"，弥补短处，纠正过失。"人无完人，金无足赤"，反省自己是十分必要的。朱熹曾说："曾子每天三省其身，自己有错误就马上改正，没有错误就以此勉励自己。他能够如此诚切地约束和反省自己，可谓得到了学习和成长的本质。"

有人怀疑反省的作用，认为反省并不见得带来多大改变。但是，真正懂得反省的人，经过它的荡涤，能让俗世纷纷扰扰的尘埃从心中流走，给自己一个美好的人生。学者于丹说：“我们每个人的眼睛都有向外发现和向内观看的两种能力。向外可以发现一个无比辽阔的世界，向内可以发现一个无比深邃的内心。”她说的这段话就是对反省的另一种解释，也是认知自己的一种独特方式。认清了自己，便可获得一种更广阔的人生境界，收获也可更加丰盈。

所以，即使我们不能时时反省，也要经常反省，才能不断荡涤自己的心灵，活得更快乐，更有价值。

学而不仿

万法唯心造。

——佛语

佛家讲，每个人的世界都是由自己的心创造的，每个人的世界都是完全不同于别人的世界。自己才是一切的根源，所以我们做事要有自己的原则。

有比较、有参照，一个人能够扬长避短、查漏补缺，但所谓“参照”并非要时刻以他人为镜，与他人同手同脚。原则则是一把尺子，规范言行，也规范内心。

庄子在《齐物论》中讲过这样一则故事：

罔两是影子的影子。一天，罔两问影子：“先前你行走，现在又停下；以往你坐着，如今又站了起来。你怎么没有自己独立的操守呢？”

影子回答说：“我是有所依凭才这样的吗？我所依凭的东西又有所依凭才这样的吗？我所依凭的东西难道像蛇的蚹鳞和鸣蝉的翅膀吗？我怎么知道因为什么缘故会是这样？我又怎么知道因为什么缘故而不会是这样？”

物体动，所以影子动；物体停，故而影子停。罔两在谴责影子没有操守的同时，却没想过自己其实和影子一样，只会跟着别人转来转去，没有坚定

的立场和原则。如果一个人一味屈从于他人的意志和目光，或一直模仿他人的言行，就会像故事里的罔两和影子一样，成为他人的傀儡，被牵着鼻子走。长此以往，人就会屈服于舆论导向，甚至丧失自我，就像没有思想也没有自由的“提线木偶”一样。

“西施病心而矉其里，其里之丑人见之而美之，归亦捧心而矉其里。其里之富人见之，紧闭门而不出；贫人见之，挈妻子而去之走。彼知矉美，而不知矉之所以美。”

西施因为心口疼痛，所以平时走路总是皱着眉头，邻里的一个丑女人东施，看见西施捧着心皱着眉头很美，于是效仿西施的样子，也捂着胸口皱着眉头。附近的有钱人看见了，全都紧闭家门，足不出户；穷人们看见了，也带着妻子儿女远远地跑开了。

可笑的是，东施只知道皱着眉头的样子好看，于是就效仿起来，却不知道皱着眉头好看的原因。

东施只知道跟在别人后面，学别人的样子，那么她就永远不能使纯粹的自我得到展现，只是一个“木偶人”。生搬硬套，机械地模仿别人，不但学不到别人的长处，反而会把自己的优点和本领也丢掉。有些人见别人好，就希望成为别人，于是开始过着模仿秀一样的生活。

而真正尊重自己的人，总是勇于肯定自己，相信自己。因为他们懂得，只有这样才能发挥个体的最大的能量，使生命变得丰富多彩。

做自己是一种个人品性的锻炼，它最先开始于对自我的认知。人能够突破环境，最重要的力量源泉就是基于自我意识和自知之明的双重思虑所产生的出色动力。

一个人对自己的定位，在很大程度上影响着自己的态度和行为，也影响我们看待他人的方式。倘若我们处处将他人当作一面镜子，当作学习的范本，终将使自己的个性不够完善，而导致自我的迷失。

穷当益坚，老当益壮

老骥伏枥，志在千里，烈士暮年，壮心不已。

——《龟虽寿》

【智慧品读】

年迈的千里马虽然伏卧在马槽中，但依然有奔腾千里的志向；志向远大的人即使到了晚年，却依然有一颗壮志雄心。

曹操强调了人到老年，晚节更香的境界，桑榆晚，夕阳红，人生美德全蕴其间。到了晚年的时候，一个有德行的君子更应该精神百倍地对生活充满信心。因为，人老了，生命依然存在。他身上所拥有的每一份力量，虽是过往青春的残留之物，但也会在新的一天里增加新气息，而且这种气息会伴随着生命一直存在。东汉名将马援正是用他的故事为我们诠释了老当益壮的含义。

马援生于西汉成帝永始三年，扶风茂陵人，祖先是战国时期赵国名将赵奢，秦灭赵后，赵氏为避祸而以马为姓。

马援 12 岁时，父亲去世。马援少有大志，诸兄奇之。他曾跟人学习《齐诗》，但其心不在章句上，学不下去。于是想辞别兄长去边郡从事田牧。马况鼓励他说："汝大才，当晚成。良工不示人以朴，且从所好。"适值长兄病故，马援便留在家中，为哥哥守孝一年。一年中，他没有离开马况的墓地，对寡嫂非常敬重，不整肃衣冠，从来不曾踏进家门。

马援长大以后，当了扶风郡的督邮。有一次，郡太守派他送犯人到长安，但他在路上心生怜悯，不忍心把犯人送去受刑，就将其放走。马援因此丢了官，开始了逃亡生活，后来遇上大赦才得解脱。于是他安心地搞起畜牧业和农业生产。他种田放牧，能够因地制宜，多有良法，因而收获颇丰。当时，共有牛羊几千头，谷物数万斛。时日一久，不断有人从四方赶来依附他，于

是他手下就有了几百户人家，供他指挥役使，他带着这些人游牧于陇汉之间。

物质上的富足并未稍减马援的胸中之志。对着这田牧所得，马援慨然长叹："凡殖货财产，贵其能施赈也，否则守钱虏耳"。他常对宾客说："大丈夫立志，穷当益坚，老当益壮。"于是，他将财产都分给亲朋好友，自己则穿着羊裘皮裤，过着清简的生活。

王莽末年，四方兵起。王莽的堂弟王林任卫将军，广招天下豪杰。他选拔马援和同县人原涉为掾，并把他们推荐给王莽。王莽任命原涉为镇戎大尹、马援为新城大尹。王莽失败后，马援的哥哥马员正任增山连率，他和马援一起离开了各自的任所，跑到凉州避难。光武帝刘秀即位后，马援到洛阳投奔他，光武帝复其原职，让他仍到郡里去。

后来，马援成了东汉有名的将领，为光武帝立下了很多战功。马援与其他开国功臣不同，他大半生都在"安边"战事中度过。马援为国尽忠，殒命疆场，实现了马革裹尸、不死床箦的志愿。

对于马援来说，生命不息，征战不止。对于我们普通人来说，也是生命不息，奋斗不止。有时候，年龄只是一个数字而已。如果人们认为自己衰老，就会变得老气横秋；如果人们认为自己年轻，就会变得生机勃勃。岁月只能在人的皮肤上留下皱纹，失去对生活的热情才能使人的心灵起皱。人的一生必然从青年走向老年，只要珍惜和把握，无论在哪一个年龄段，都可以创造人生美景。

保持内心的年轻，意味着放弃舒适的温室和停滞的享受去开创生活，意味着具有超越羞涩、怯懦的胆识和勇气。这样的人永远不会服老，即使到了60岁也不逊于20岁的年轻人。没有人仅仅因为时光的流逝而衰老，只有放弃自己的理想，消极面对世事才会变成真正的老人。

岁月不可避免地会在你的皮肤上留下苍老的皱纹，但若保持热情，时光也无法在心灵上刻下痕迹。

第三章

大智若愚， 难得糊涂是低调做人的哲学

与人无争， 宽心释怀

忍一时风平浪静，退一步雨过天晴。

——《增广贤文》

【智慧品读】

战国时期，楚梁两国交界，两国在边境上各设界亭，亭卒们在各自的空余土地上种了瓜菜。梁国的亭卒勤劳，锄草浇水，瓜秧长势喜人；而楚国的亭卒懒惰，不务农事，瓜秧瘦弱，与梁亭瓜田的长势有天壤之别。楚国的亭卒心生妒忌，于是，乘着夜色，偷跑过境把梁亭的瓜秧全给扯断了。

第二天，梁亭的人发现自己的瓜秧全被人扯断了，气愤难平，报告给边县的县令宋就，请示将楚亭的瓜秧扭断。宋就说："这样做当然很解气，可是，我们明明不愿他们扯断我们的瓜秧，那么为什么还反过来要扯断他们的瓜秧呢？别人不对，我们再跟着学，那就太狭隘了。从今天起，我们每天晚上悄悄去给他们的瓜秧浇水，让他们的瓜秧长得好。"梁亭的人虽然不解，但也不得不照办。

渐渐地，楚亭的人发现自己的瓜秧长势一天好过一天，每天早上给瓜秧浇水时发现瓜田都被人浇过了，经过暗查发现原来是梁亭的人在黑夜里悄悄帮他们浇的。楚国的边县县令听到亭卒们的报告后，感到十分惭愧和敬佩，于是把这件事报告给了楚王。

楚王听说这件事后，感于梁国人修睦边邻的诚心，特备重礼送给梁王，以示自责，也以此表示酬谢，最后两国成了友好的邻邦。

有时候，宽阔的心胸就是那滋养瓜秧的水，释怀自己，也感动别人。狭窄的心胸永远不可能孕育根深枝茂、郁郁葱葱的参天大树。梁国的人，不但忍了一时、退了一步，更以德报怨，令人佩服。但在现实生活中，并不是每个人都能像梁国人一样面对冲突选择忍让，我们更多地会选择抱怨和争抢。

曾有一位大师以杯子和湖泊容量的小与大做比喻化解人们心中的抱怨和争抢。他说："生命无论长短总归是有限的，而痛苦就像水中的盐分，所以痛苦也是有限的。我们品味到的生活滋味，不取决于痛苦的多少，而在于心胸的宽窄。宽阔的胸怀，就像湖泊一样，淡化咸涩的痛苦，让我们尝到微咸或甘洌；狭窄的心胸，容不开郁积的痛苦，只会让人感到奇苦无比。"

既然人生注定要接受苦涩的盐，为何不在杯子和湖泊中选择后者，淡化别人给的、自己造的苦涩，历练出一个宽阔的胸怀，再去丈量人生的舞台呢？

现在是一个讲求效率的时代，大家都希望在有限的时间里完成更多的事情，每天都像挤独木桥一样谨小慎微、忙忙碌碌，却不愿停下来想一想，为什么挤破头皮也收效不多。

事实上，在狭窄的道路上，如果我们都争先恐后地往前挤，只会让人觉得道路越来越窄，而每个人退后一步，道路自会宽平些许；鲜美刺激的美食，如果只是一个人独自享用，这个享受过程就会稍纵即逝，而分一些给别人，虽然清淡了些，但是这份清淡会因为他人的分享和赞誉而多一分悠长的回味。

"忍一时风平浪静，退一步雨过天晴"。与人无争，就能收获一份从容；与物无争，自会育抚万物。多一些忍让和分享，就会让幸福延散、持久。生活中，无论是欲成大事的人，还是想安安稳稳过生活的人，都需要这样的胸怀，才能从万事万物中汲取能量，心平气和地接受生活、接受自己。

戒欲念， 多忍让

莫为危时便怆神，前程往往有期因。
须知海岳归明主，未必乾坤陷吉人。
道德几时曾去世，舟车何处不通津。
但教方寸无诸恶，狼虎丛中也立身。

——冯道《偶作》

【智慧品读】

做人讲究庸和之道，得让人处且让人，事事留有余地，才能在与人相处中不结仇、不结怨、不吃亏。相反，事事争先、目空一切，每次都要居人之上，必然会遭人嫉妒，给自己带来祸患。

如果想要得到长久的快乐，获得更大的成功，就应该豁达一点，少些欲念，多些忍让，不必把一点小惠小利看得过重，也不必对每一件事都过于计较。适时糊涂，生活就会轻松不少，生命中也会有更多的快乐与幸福。五代时的冯道，就是这样一个“难得糊涂”的清醒之人。

冯道曾事四姓、相六帝，在时事变乱的八十余年中，始终不倒，令人称奇。首先，此人品格行为无懈可击，清廉、严肃、淳厚、宽宏。而且，他深谙中庸处世之道，深浅有度，中正平和，大智若愚。

冯道有诗云：“莫为危时便怆神，前程往往有期因。须知海岳归明主，未必乾坤陷吉人。道德几时曾去世，舟车何处不通津。但教方寸无诸恶，狼虎丛中也立身。”

冯道能够在乱世之中屹立不倒正得益于他的中庸智慧。这是一种老谋深算的清醒，也是卧薪尝胆的大气，更是一种心中有数的正派。这不是那种与世无争的软弱，而是退一步海阔天空的豁达；不是明哲保身的逃避，而是让三分风平浪静的睿智；不是苟且偷生的勉强，而是真金不怕火炼的坚贞。

除了中庸的处世之道，谦虚而不嫉妒也是一种处世智慧。深谙此道可以保全自身，否则，很容易给自己遭来祸患。

春秋时期，郑庄公准备伐许。战前，他先在国都组织比赛，挑选先行官。将士们一听露脸立功的机会来了，都跃跃欲试，准备一显身手。

首先进行的是击剑格斗，将士们都使出了浑身本领，争先恐后。经过轮番比试，选出了 6 个人，参加下一轮射箭比赛。在射箭项目上，取胜的 6 名将领各射 3 箭，以射中靶心者为胜。最后颍考叔与公孙子都打了个平手。

可先行官只有一位，所以，他们俩还得进行一次比赛。后来，庄公派人拉出一辆战车来，说：“你们二人站在百步开外，同时来抢这部战车。谁抢到手，谁就是先行官。”公孙子都轻蔑地看了颍考叔一眼，哪知跑了一半时，公孙子都一不小心，脚下一滑，跌了个跟头。等爬起来时，颍考叔已抢车在手。

公孙子都当然不服气，于是提了长戟就来夺车。颍考叔一看，拉起车就飞跑出去，庄公忙派人阻止，并宣布颍考叔为先行官。公孙子都因此对颍考叔怀恨在心。

战争开始了，颍考叔果然不负庄公所望，在进攻许国都城时，手举大旗率先从云梯冲上许都城头。眼看颍考叔就要大功告成，公孙子都记起前事，竟抽出箭来，搭弓向城头上的颍考叔射去，一下子把没有防备的颍考叔射死了。

所谓“花要半开，酒要半醉”，鲜花盛开、万般娇艳的时候，不是立即被人采摘，也会是衰败的开始。颍考叔正是不懂谦让，精明过头，才落得个惨死的下场。

人生就是这样，不要把自己看得太重要，应该适时隐藏锋芒，能忍则忍，能让则让。过于锋芒毕露，难免会遮挡别人的光芒，遭到别人的记恨，许多灾祸便在不知不觉之中酝酿成了。

松弛有度，　过犹不及

事不能办得太绝，话不能说得太损。

——段少舫《呼延庆出世》

一次子贡问孔子：“老师，颛孙师和卜商相比，谁更贤德一些?”孔子回答说：“他们都很贤德，只是颛孙师做得过了，而卜商做得稍有不够。”然后子贡又问：“那么，颛孙师比卜商更好一些吗?”孔子却回答说：“过犹不及。”

这就是“过犹不及”这个成语的出处。意在说明在为人处世中，做得过分和做得不足对于结果来说都是一样的。什么事情都要讲究适度原则，凡事

掌握一个度，才有可能使我们的行为避免偏离本来的目标。实际上这种智慧是儒家中庸思想的另一种表达。

“中庸”即中和，不是说人活着要平庸、碌碌无为，而是换种方式活：不亏不盈、可进可退、不急不缓、不过不及、不骄不馁，从而得到人生大智慧和为人处世中较为完美的平衡点。“事不能办得太绝，话不能说得太损”，就是这个意思。

这样的活法是儒家心中的妙境，也是我们普通人需要的一种处世智慧和难能可贵的品德。做人也好，处事也罢，不偏不倚才能正中目标。道理虽简单，但真正实行起来却不那么容易。《尹文子·大道上》中的一个故事正好可以说明这一点。

齐国有一个姓黄的老相公，他有两个女儿，都长得十分漂亮，堪称国色天香。但这位黄公每与人谈起他的两个女儿，总是“谦虚”地说：“小女质陋貌丑，粗俗蠢笨。”这些话被一传十、十传百，以致他两个女儿因“丑陋”远近闻名，直到过了婚嫁的年龄，仍无人求聘。

后来有个鳏夫，因无钱再娶，无奈之下，便到黄公门上求婚。黄公因大女儿年龄已大，也不再考虑是否合适，便一口答应了。婚礼完毕，这位新郎揭开新娘的盖头一看，不禁大喜过望，原来自己娶到的竟然是一位绝代佳人。

消息传开，人们才知道黄公言之不实，于是一些名门子弟竞相求娶他的小女儿，自然也是天姿国色。

齐国黄公本想得到一个谦虚的美名，但由于他谦虚过分，反而耽误了大女儿的青春，这就是“过犹不及”，真是得不偿失。做什么都应该适度，这个度是办事的分寸，其实也是一条警戒线。它是规定事物性质的数量界限。超越这一个界限，事物就向反面转化，会带来不良的后果。

可在生活和工作中，最难掌握的就是这个度。勤于事业，忙于工作，固然是一种的敬业美德，但如果每天都紧绷神经，过分担忧自己的业绩，就会使自己疲惫不堪。工作是一种追求，但是如果让工作成为生活的全部，那么一个人的身心修养就会被疏忽以至于失去生活的乐趣。

淡泊名利、清心寡欲纵然是一个人修身养性的至高境界，但如果他过分执着于此，逃避社会，以至不食人间烟火，那么他便会成为一座孤岛，自己苦闷不说，对于别人、对于社会也无所帮助。

其实，要想工作有实效，生活有趣味，人们就要尽量做到不偏不倚。工作时全身心投入，把每天的 8 个小时发挥到极致，我们在 8 小时之外就可以读自己喜欢的书、去自己想去的地方了。

同样的，做人不要抱过分的想法，不要过高或过低地估计自己，找到自己合适的定位才是每个人应当重视和思考的。人活着，首先懂得平衡工作和生活，才能使自己的事业和涵养均衡发展。

处世外圆内方， 不要以自我为中心

机关算尽太聪明，反送了卿卿性命。

——《红楼梦》

【智慧品读】

提起《红楼梦》中的王熙凤，人们一方面惊叹于她无与伦比的治家才能、应付各色人等的技巧；另一方面又感慨于她的结局。她就是因“机心”太重而遭悲惨结局的典型。

《聪明累》中这样总结王熙凤的一生：“机关算尽太聪明，反送了卿卿性命。生前心已碎，死后性空灵。家富人宁，终有个家亡人散各奔腾。枉费了，意悬悬半世心，好一似，荡悠悠三更梦。忽喇喇似大厦倾，昏惨惨似灯将尽。呀！一场欢喜忽悲辛。叹人世，终难定。”

王熙凤“于世路上好机变”“心性又极深细，竟是个男人万不及一的”“少说着只怕有一万心眼子，再要赌口齿，十个会说的男人也说不过她呢”“从小儿玩笑时就有杀伐决断，如今出了阁，在那府里办事，越发历练老成了”“真真泥腿光棍，专会打细算盘”“嘴甜心苦，两面三刀”“上头笑着，脚底下使绊子”“明是一盆火，暗是一把刀”，她都占全了。这些熟悉凤姐为人的各色人等对凤姐的评价，活脱脱展现出了一个机关算尽太聪明的人物。然而，就是这样一个十分精明的人物，却落得孤家寡人，身心劳碌至死、最终又一无所得的下场，岂不正应了“聪明反被聪明误”那句话了吗？

凤姐比一般人更多地体验了痛苦的折磨，且不说她劳心竭力、绞尽脑汁，还要在背后遭骂挨咒，就是死时的凄凉和死后的寂寞也使她的结局倍显悲惨。

王熙凤不可谓不聪明，但导致她悲剧结局的因素不也正是她“太聪明”吗？她想尽各种办法，使用种种计谋，想使贾府振兴起来，然而她的努力、她的“鞠躬尽瘁”，却换来了贾府上下人的一片不满，最终也没有使贾家有什么起色，死后甚至连女儿也保不住。

其实，“聪明反被聪明误”这句话，点中了很多人的痛苦根源。在现实生活中人们往往因为偏执和自我，自命不凡、投机取巧，最后连自己都葬送了。然而能够建功立业的，大多是谦虚圆通的灵活之人；喜欢惹是生非、错过机缘的，才大多是固执己见、聪明反被聪明误的人。

人生是一个取舍的过程，其中有很多事情需要“半途而废”，随时调整自己，凡事不能太以自我为中心，才能找到更好的前进方向。

在人生的大风浪中，我们应常常学掌舵人的样子，在狂风暴雨之下把笨重的货物扔掉，以减轻船的重量。如果一味地坚持什么都不松手，最后可能就是船倾人亡的结局。具体来说，包括三个要点：

首先，要有一个正确的人生大方向。目标犹如心灵的安稳归宿，远大的目标让心灵充满力量。看到了自身的渺小，心灵自然也就更加开阔，不会过于看重眼前的得失。“我想成为一个对社会有贡献，让周围的人感到快乐的人。”只要心中藏着这样的想法，为人处世的原则就会明朗很多。

其次，要学会正确处理人际关系。与人相处，肯定会发生一些不愉快的事，因为人们在表达的时候常常发生偏差，所言并非所想。如果太看重自己，缺乏气量，斤斤计较，就很难交到朋友；相反，如果胸怀宽阔，让不愉快的事随风而逝，就会有更多的心情去感受快乐。谦逊、忍让、宽容都是一个人在交往当中很难做到又必须做到的。

最后，要有意识地开阔自己的视野。以自我为中心的人，总是生活在一个狭小的圈子里，时时刻刻提防伤害，也就很难看到远处的美景。爬到山顶的人才知道“一览众山小”的妙境，能够体会到这种感觉，跋山涉水又何妨？

退一步，让三分

胜败兵家事不期，包羞忍辱是男儿。

——杜牧《题乌江亭》

【智慧品读】

人们在为人处世的过程中要懂得礼让待人，宽忍接物。当我们为他人的利益着想来处理问题时，实际上是在变相地为自己的目标铺平道路。尤其是在面对风险时，冷静大度地后退一步再做决定，反而会取得意想不到的效果。

无论是在古代还是现代，以宽忍开始、因退步居上都是与人打交道时不可多得的黄金法则。历史上有许多典型事例，充分说明忍让退却的好处。

唐宣宗李忱在即位之前曾不得不离京出走，这得从他当时的处境说起。李忱的母亲并不是一个有身份有地位的妃子，她作为当时叛臣的罪孥进宫，结果邂逅了当朝皇帝——唐宪宗李纯，生下了李忱。可惜在李忱幼年时，宪宗皇帝就被宦官暗杀了，留下这一对母子，孤苦无依。

公元820年2月，李恒（李忱之兄）被宦官扶上皇位，是为唐穆宗。四年后穆宗服长生药病逝，其子敬宗李湛接任，但李湛只活到18岁，驾崩后由其弟文宗李昂、武宗李炎相继接任。

在这长达20年的时间里，三朝皇叔李忱的地位既微妙又尴尬，他只能以黄老之道，韬光养晦，装傻弄痴。尽管他为人低调，不事张扬，但光王的特殊身份，还是让他逃避不了被侄儿们猜忌、排斥的命运。

文宗、武宗两位皇帝更是对他心存芥蒂，非但不以礼相待，还想方设法地迫害他。公元841年，唐武宗登基时，李忱为避祸全身，便“寻请为僧，行游江表间”，远离了是非之地。

法号“琼俊”的李忱虽然隐居于与世隔绝的深山之中，但他并没有一心

向佛，忘却心中之志。握瑾怀瑜的他，效法孔明抱膝于隆中、太公钓闲于渭水，准备待时而动。在唐武宗统治的6年间，他不停地通过秘密渠道打探宫内情况，积极从事夺权的活动，以实现“归去宿龙宫”的夙愿。

虽然他一直隐藏自己的这一志向，在福建境内的天竺山真寂寺的三年间，他大智若愚、言行谨慎、不露端倪，但在一次与当时的名僧黄蘖和尚观瀑吟联时，他那深藏于心的雄才大略却通过一句对联表露无遗。

一日，两人在山中闲话，面对悬崖峭壁上的一条飞瀑，黄蘖来了雅兴，对李忱说道：“我得一上联，看你能否接下联？”李忱也兴致盎然，说道：“你道来我听，我必对得上。”黄蘖于是吟道：“千岩万壑不辞劳，远看方知出处高。”李忱几乎是脱口而出：“溪涧岂能留得住，终归大海作波涛。”黄蘖听了，赞赏有加。

没有深沉的寂寞，哪有动地的长歌？李忱就像那瀑布，经历“千岩万壑不辞劳”的艰险后，终将飞珠溅玉、石破天惊。公元846年，深谙权谋、忍辱负重的李忱果然从侄儿手中夺过大位，成为唐宣宗，时年37岁。由于他长期在民间阅世读人，深知黎民疾苦，故躬行节俭，虚怀纳谏，颇有作为。

“胜败兵家事不期，包羞忍辱是男儿”，李忱能忍人所不能忍，终于忍而后发，结束了多年的屈辱生活，并实现了自己的目标。可见要做大事，要成大事，就要懂得忍退一时方可厚积薄发的道理。

生活中我们同样要懂得退一步之法和让三分功劳的智慧，因为人生纷扰不断，若总以“得理不饶人”的心态去面对，自然会让自己处于一种孤立的境地。每一位优秀人物的身旁总会萦绕着各种纷扰，对它们保持沉默要比寻根究底明智得多。

生活中有些事情是我们看不惯的，但这样的日子换谁都得一天一天地过下去。既然没有能力改变现状，我们就要懂得退一步加让三分的道理，等一切都过去了，剩下的就是美好。

庸人自扰，智者自明

不以物喜，不以己悲。

——范仲淹《岳阳楼记》

一个人找到智者，悲哀地对智者说：“先生，我已经看破红尘，在山水间隐居多时，每天在这青山白云之间，寄情山水，品茗读书，陶冶自己的性情，丰富自己的知识。可是踏遍这里的山山水水，读遍书书本本，心中的烦恼不但不减，反而增加，怎么办啊?”

智者对他说：“点一盏灯，使它不但能照亮你，而且不会留下你的身影，就可以体悟了!”

几十年之后，这山中多了一个叫万灯苑的私人宅院，而且远近闻名。因为小小的宅院中总是灯火万千，每当夜幕降临时，这所宅院就像一只明亮的眼睛在吸引更多人的关注。而一旦走进宅院，便会被灯海包围，刺得人睁不开眼睛。

这家宅院的主人就是当年那个愁眉苦脸的人，虽然很多年已经过去了，但是如今他仍然不快乐。因为尽管他每当有所收获的时候都点一盏灯，却无论把灯放在脚边，还是悬在顶上，甚至以一片灯海将自己团团围住，都还会见到自己的影子。灯愈亮，影子愈显；灯愈多，影子也愈多。他困惑了，却已经没有智者可以问，因为智者师父早已去世，而他自己也将不久于人世。

有一天，当所有的烛火都已燃尽时，他独自徜徉在自己的宅院中。看着燃尽的蜡烛、狼藉的烛泪，他悲从心来。他回想着这将要像烛火一样燃尽的一生，有时出仕，有时归隐，曾有过位高权重的浮华，也有过铅华落尽的落寞，但是，经历得多了，忽然发现自己的起起伏伏如同点灯，灯再亮，却只能造成身后的影子。

这时一个侍从走过来，说了一句：“月光比烛光还要明亮，都不用点灯

了。”听到这句话，这个人忽然顿悟，自然的光明来自自然，人的光明来自内心。人的一生，只要一盏心灯便可烛照世界，它既能让自己心态明朗，也会让周围的景物清晰，而且还不会留下自己的影子。

想到这些，这个人迎着月光微微一笑。

万千烛火营造的灯火通明终究逃不过燃尽后的黑暗，但是心灯长明，只要一盏便可让生活时时明朗。万灯苑的主人苦苦寻觅的解惑之法，实际上就在心中，但是由于他把过多的精力集中在外物的寻找中，直到人生将尽时才醒悟。

在生活中，我们经常习惯说：我的钱、我的面子、我的家、我的儿子、我的财产、我的父母、我的妻子、我的丈夫、我的名誉、我的身体……“我的”这两个字让人们太计较外物的得失，而世间事常常因求不得而心生烦恼，进而衍生痛苦和悔恨。一旦破除这种思维定式，做到“不以物喜，不以己悲”，则一切烦恼痛苦即时消失，淡定的境界立现于眼前。

庸人自扰，自寻烦恼。这是世间天天不断上演的悲剧。我们常常像蚕蛹一样，忙碌地为自己编织一个难破的茧。用一个成语来形容，就是作茧自缚。处世时放下从自我出发的思考方式，点亮心灯，一个人自会摆脱被外物牵着鼻子走的尴尬处境。

放低姿态，收敛锋芒

故木秀于林，风必摧之；堆出于岸，流必湍之；行高于人，众必非之。

——李康《运命论》

【智慧品读】

在秦始皇陵兵马俑博物馆，有一尊被称为“镇馆之宝”的跪射俑。它被誉为兵马俑中的精华，中国古代雕塑艺术的杰作。

这座跪射俑左腿蹲曲，右膝跪地，右足竖起，足尖抵地。上身微左侧，双目炯炯，凝视左前方。两手在身体右侧一上一下作持弓弩状。

如今，秦兵马俑已经出土，清理各种陶俑一千多尊，除跪射俑外，皆有不同程度的损坏，需要人工修复。而这尊跪射俑是保存最完整的，仔细观察，就连衣纹、发丝都还清晰可见。

这究竟为什么呢?

专家告诉我们，这得益于它的低姿态。首先，跪射俑高度只有120厘米。天塌下来有高个子顶着，兵马俑坑都是地下坑道式土木结构建筑，当棚顶塌陷、土木俱下时，高大的立姿俑首当其冲，低姿的跪射俑受损害就小一些。其次，跪射俑作蹲跪姿，右膝、右足、左足三个支点呈等腰三角形支撑着上体，重心在下，增强了稳定性。

跪射俑有适当的高度，向下的重心，所以遇到坍塌时不会首当其冲，而且分散的受力点增强了自己的承受力，能经历时间洗刷而完好无损。

其实处世交友也是这样的道理，守住重心，放低自己的姿态，收敛锋芒，保持和他人适当的距离，就能避开意外的伤害，更好地发展自己。相反，为人处世太过高傲，“行高于人，众必非之”，不仅会错失机会、失去朋友，还有可能给自己招来祸患。

三国时曹魏阵营有两个著名谋士，一是杨修，一是荀攸。杨修自恃才高，处处点出曹操的心事，经常搞得曹操下不了台，曹操“虽嬉笑，心甚恶之”，终于借一个惑乱军心的罪名把他杀了，而荀攸则完全是另一种结局。

荀攸有着过人的智慧和谋略，不仅表现在政治斗争和军事斗争中，也表现在安身立业、处理人际关系等方面。

在当时的社会政治、经济条件下，曹操虽然以爱才著称，但作为封建统治阶级的铁腕人物，铲除功高盖主和有离心倾向的人，却从不犹豫和手软。所以荀攸在平时很注意周围的环境，对内对外、对敌对己的方法，迥然不同。参与谋划军机，他智慧过人，迭出妙策；迎战敌军，他奋勇当先，不屈不挠；但他对曹操、对同僚各有策略，却注意不露锋芒、不争高下。

总的来说，他总是在需要的时候彰显自己的能力，而在平时则把才能、智慧、功劳尽量掩藏起来，总是表现得很谦卑、愚钝。

因此，他在朝二十余年，能够从容自如地处理政治漩涡中上下左右的复杂关系，在极其残酷的人事倾轧中，始终地位稳定，立于不败之地。

荀攸在任期间，从来不见有人到曹操处进谗言加害于他，他也几乎从未

得罪过曹操，或使曹操不悦。这全得益于他收敛锋芒、守住重心的方圆之道。

为人处世，总会遇到各色人、各种事，应对这些，我们应该“不可少变其操履，亦不可太露其锋芒”。一方面不因别人的猜疑、妒忌改变初衷，坚持走自己的路，坚守自己的道德重心，不变操守；另一方面要灵活处世，包容有着不同生活态度、处世方式的各色人等，如此我们的生活才能保持平衡和从容。

为官不可清高， 为人还须近人

士大夫居官，不可竿牍无节，要使人难见，以杜幸端；居乡，不可崖岸太高，要使人易见，以敦旧好。

——《菜根谭》

为人为德无关乎地位身份，居官时要坚守道德、洁身自好才不会让投机取巧的人有机可乘；退隐时，要放低身份，对待他人要谦虚敦厚，才不会让自己成为自视清高的孤岛。

身居高位之时，自然门庭若市，而一旦失去权势，也难免门可罗雀，这是一种人世的常态。真正的达观君子认清这一点，但是绝不因此改变自己的道德坚守。既然如此，人们就不要为身边一时的热闹而沾沾自喜，也不要因为一时的赞誉而忘乎所以。因为这些都是依附于人们自身之外的权与利而存在的，而权与利只不过是过眼繁华，是无法长久的。真正长存不朽的牵挂与美名，是需要用真心换取的。

欧阳修在任太常丞知谏院、右正言知制诰、河北都转运按察使等职时，为官清廉，懂得造福百姓。所以在任时，政绩卓越，深受百姓爱戴。在这期间他一向支持韩琦、范仲淹、富弼等人推行新政。

后来，革新运动受阻，韩范二人也因此获罪，并在庆历五年一月之前先后被贬，也就是在这年八月，欧阳修受到牵连，落去朝职，贬谪滁州。在被贬期间，欧阳修依然坚持自己的德行操守，而且不忘心系百姓。也就是在被贬滁州期间，他写出了广为人知的写景抒情名篇《醉翁亭记》。

当时整个北宋王朝政治昏暗，佞臣当道，而那些想改革图强的人却郁郁不得志，只能眼睁睁地看着自己效忠的国家积弊越来越多。欧阳修对此感到无比的忧虑和痛苦。

即便如此，他还是不忘尽己之能，为民造福。自从庆历五年被贬官到滁州以来，他宽简政治，发展生产，使当地年丰物阜，老百姓也过上了一种相对和平安定的生活。有一次，他和友人游山玩水时被幽美的风景吸引，顿时心绪激发，文思泉涌，挥毫泼墨写作《醉翁亭记》。虽然景是美的，但是心情却是十分复杂的。

文中写到："夕阳在山，人影散乱，太守归而宾客从也。树林阴翳，鸣声上下，游人去而禽鸟乐也。然而禽鸟知山林之乐，而不知人之乐；人知从太守游而乐，而不知太守之乐其乐也。"从这句话我们可以看出，别人分别沉浸在自己的快乐中，而欧阳修却沉浸在众人的快乐中，这一点是不为人知的。

欧阳修居官守德，洁身自好。他被贬后仍然平和近人，丝毫不清高自傲，在为官期间，造福当地，留下许多动人的故事。他的这一起一伏，很好地诠释了"士大夫居官，不可竿牍无节""居乡，不可崖岸太高"这两句话的内涵。

懂得了《菜根谭》中这句话的道理，我们在现实生活中就应懂得坚守道德原则、为人宽厚的重要性。当我们一心为他人着想时，他人将以真情待之，相反，如果为人处世时目的性太强，他人也将还之以虚。

尤其是管理者，在这一点上更要做到"使人难见，以杜幸端""使人易见，以敦旧好"，要尽量少接见有目的的拜访者，以便防范投机取巧；要和蔼可亲地对待下属，而不能心高气傲，这样才能邻里和睦。居官要有节，居乡要有情。这种节，这种情，既是一种操守，也是一种美德。随和为人，造福一方，不论做官还是为民，都显得同样重要。

润滑不圆滑，中庸不平庸

中庸之为德也，其至矣乎！民鲜久矣。

——《论语》

【智慧品读】

孔子在这里是说，中庸作为道德，是最高的境界，然而世间却很久没有达到如此境界的人了。中庸即实用理性，着重在平常的生活实践中建立起不过不及的处事方式。

蜜饯由蜜糖制成却能让人食之不腻，海水内含盐分，却不至于让生物无法生存。它们之所以能这样，是因为它们在吸收糖和盐时，既让自己区别于水果和淡水，又不完全被糖和盐占有，从而它们才有了自己独特而又适合外物的味道。这种吸收方式之于人、之于人生就是中庸的处事之道。

很多人将中庸与明哲保身、圆滑世故联系起来，为中庸之道贴上了一个不光彩的标签。其实，中庸之道体现在做人做事方面，可以用外圆内方的做人哲学来加以阐释。

老子的理想道德是自然，是天地，天圆地方；孔子的理想道德是中庸，是适度，是不偏不倚。两者的共通之处在于：中庸即在圆与方之间保持一种和谐，外圆内方、深浅有度是一门微妙的、高超的处世艺术，使人们在做事为人的天平上保持着微妙的平衡。

中庸，并非老于世故、老谋深算者的处世哲学。人生就像大海，处处有风浪，时时有阻力。是与所有的阻力做正面较量，拼个你死我活，还是积极地想办法排除万难，去争取最后的胜利？生活是这样告诉我们的：不去事事计较、处处摩擦的人，才不会让凌云壮志付诸东流。

在我国历史上，以少胜多的著名战例屡见不鲜，官渡之战就是其中之一。当时曹操仅有七万兵力，袁绍却有七十多万兵力，兵力悬殊可见。为了避其锋芒，曹操采纳智者的谋略出奇兵火烧了袁绍的粮草重地，把袁绍打得落花流水。

由于仓皇出逃，袁绍竟没有来得及处理那些重要密件，密件全部落入曹操手中，其中还有曹操手下一些将领因惧怕袁绍强大而暗中写给袁绍的密信。许多忠将建议曹操把那些写密信的人全部杀掉，以除后患。聪明的曹操却说："大兵压境，袁绍那样强大，就连我也几乎发生了动摇，不能坚定自己的意志，何况他人?"于是，他下令把所有的密信当众火烧掉了。

正当那些写密信的人心惊胆战地等待处罚时，却没料到曹操不但没有治罪于他们，还把他们通敌的证据全部烧毁了。这件事让他们从内心深处对曹操感恩戴德，从此便死心塌地地为曹操卖力，绝大多数后来成了曹魏的开国元勋。一些敌对势力的谋臣勇将听说曹操如此大度不计前嫌，也都纷纷前去投奔，为他建立宏图大业创造了条件。

曹操火烧密信，是他个人的智慧，也是他懂得中庸处世，对别人不事事计较的表现。其实真正谙熟中庸之道的人就像曹操一样，他们的心是大智慧与大容忍的结合体，有勇猛斗士的威力，有沉静蕴慧的平和。行动时干练、迅速，不为感情所左右；退避时，能审时度势、全身而退，而且能抓住最佳机会东山再起。中庸并非平庸，没有失败，只有沉默，是面对挫折与逆境积蓄力量的沉默。

黄炎培先生有几句深刻的座右铭："理必求真，事必求是；言必守信，行必踏实；事闲勿荒，事繁勿慌；有言必信，无欲则刚；和若春风，肃若秋霜；取象于钱，外圆内方。"可见中庸的处世方式是在不违反各人根本原则的前提下，润滑了人与人之间的摩擦和可能产生的矛盾。

人在社会中，不可能远离是非，过于锋芒毕露往往为世俗所不容，过于委曲求全又被视为软弱，如果我们能懂得中庸之道，凡事深浅有度、恰如其分，就可以进入为人处世的最高境界，并在纷繁复杂的人际关系中周旋有术。

以诚意牢记善举，以宽容忘却仇恨

记人之善，忘人之过。

——《三国志》

【智慧品读】

人有恩于我，不可忘；人有怨于我，不可不忘。古人告诫我们要以最真的诚意牢记善行和义举，以最大的宽容和忍耐忘却仇恨。这是一种积极的人生态度，更是一种可贵的待人之道。

《新唐书》中有一则武则天与狄仁杰的故事：

武则天称帝后，任命狄仁杰为宰相。有一天，武则天问狄仁杰："你以前任职于汝南，有极佳的表现，也深受百姓欢迎。但却有一些人总是诽谤诬陷你，你想知道详情吗?"

狄仁杰立即道："陛下如认为那些诽谤诬陷是我的过失，我当恭听改之；若陛下认为并非我的过失，那是臣之大幸。至于到底是谁在诽谤诬陷，如何诽谤，我都不想知道。"

武则天闻之大喜，推崇狄仁杰为仁师长者。

做人难，难在如何面对别人不当的言行。狄仁杰被认作武周一代名臣，是很有道理的，从这段文字中我们也可以窥出几分。俗话说："流言止于智者。"真正有智慧的人是不会被流言中伤的。因为他们懂得用沉默来对待那些毫无意义的流言诽谤，从这个层面上来看，他们的沉默就是一种胸襟，这种胸襟就是养德远害的方法所在。

与这种胸襟相对的是狭隘。现实生活中，人周遭的一切都是琐碎的事物，如别人的误解、诽谤甚至攻击，如果我们迎着这些冲上去只会让自己产生狭隘的心理，并让自己因为它们沉浸在莫名的困扰和心烦中。而且，如果我们不克服这种狭隘的心理，就会在琐碎的烦恼中不断压缩美德升华的空间，从而让自己的人生失去延展的可能性。

由于每个人思考的角度不同，人与人之间难免有一些误会、摩擦；有人还可能因一时迷于名利，办了糊涂事。如果我们不能忘记他人的过失，一直心存怨恨，不但对身体无益，影响健康，而且使自己始终活在怨恨的阴影里，小则纠缠于日益紧张的人际关系中，大则会冤冤相报，困在不断升级的恶斗恐怖之中，伤身害命。

其实，除了这种做法，我们还可以选择放开心胸，宽容待之。所谓浊者自浊、清者自清。为人处世，对别人小的过失不求全责备，不揭露别人隐秘的事，不记恨别人过去的恶行，能够做到这三点就可以培养自己良好的品德，也能够通过这种办法避免祸害。这样不仅会让对手和敌人化为己用，而且当我们践行这种美德时，我们就向更加成熟、有所进步的自己靠近了一步。

在我们生活的世界，从来没有永远平静的大海，也从来没有一马平川的人生，只要我们活着，再好脾气的人也或多或少地会有和别人发生口角和争执的时候，这时如果针尖对麦芒地应对只会让整个人生陷入悲伤的循环中。只有宽容、接纳不如意，继续往前走，才能摆脱这种循环。恢弘大度，胸无芥蒂，才能吐纳百川，既养德又远害。

心量要大， 自我要小

水至清则无鱼，人至察则无徒。

——《汉书》

一个人对人对事太苛刻了就很少有朋友。大地上有很多污秽腐烂的东西，却因此滋养了世间的生命，有动物也有植物；而在非常纯净、毫无杂质的水中，却很难找到鱼虾，因为水太干净，它们没有食物可吃。这就是“人至察而无徒，水至清则无鱼”的道理。

然而可悲的是，在实际生活中，总有一些人把自己的位置看得太高，殊不知，这种自命不凡的想法，其实是在铸造无友的孤岛和灾祸的陷阱。

苏轼曾因王安石被贬湖州，期满后回京，前去拜访。不想苏轼拜访时正好赶上王安石午睡，苏轼便被书童迎入东书房等候。

苏轼闲坐无事，见砚下有一方素笺，写了“西风昨夜过园林，吹落黄花满地金”两句诗便无下文了。于是他不屑地一笑说：“完全违背事实。”在苏轼看来，菊花最能耐久，在深秋即使焦干枯烂，也不会落瓣。一念及此，苏轼按捺不住，依韵添了两句：“秋花不比春花落，说与诗人仔细吟。”

待写下后，又想如此抢白宰相，只怕又会惹来麻烦，但是若把诗稿撕了，又不成体统。左思右想，都觉不妥，便将诗稿放回原处，告辞回去了。

第二天，皇上降诏，贬苏轼为黄州团练副使。

苏轼在黄州任职将近一年，转眼便已深秋，这几日忽然起了大风。风息之后，后园菊花棚下，满地铺金，枝上全无一朵。苏轼一时目瞪口呆，半晌无语。此时方知黄州菊花果然落瓣！不由得对友人道：“小弟被贬，只以为宰相是公报私仇。谁知是我错了。切记啊，不可轻易讥笑人，正所谓经一失，长一智呀。”

豁达的心胸可以容纳百川，而自视太高，无法忍受别人错误的人往往给自身招来祸患。人还是谦虚点儿好，即使有才华，也不要卖弄，特别是不要在行家面前卖弄，弄不好是要自取其辱的。

人生在世，首先学会做个容纳世情万物的入世者，才能拥有出世的境界、不一样的人生。

因此，我们也应该像大地一样，有适当的接纳污垢的气量，不对自己不了解的事妄下论断，同时容纳别人的不足。这种做法既是对他人的敬重，也是保护自己的良策。

无论人的学业进行到什么地步，人的职位晋升到什么高度，谁都不可能对万事万物都了如指掌，正因如此，我们不能变成不能滋养生物的纯净水。坚持追求完美、优秀固然是一种美好的品德，不愿意轻易放弃自己的原则也值得敬重，但是我们不能在没有朋友的世界生活。所以，与人交往时，把目光放在别人的优点上，对自己不知道、不了解的事情不要轻下妄断。

世界上不存在一无是处的人，也没有不值得交结的朋友。总是拿着自己的道德标尺去衡量别人，最终就找不到适合自己心意的人。只要我们明白

“水至清则无鱼”的道理，把标尺换成寻找优点的探测雷达，朋友就会“鱼贯而入”，从而打破孤独的围墙，组建自己的交际网络。

不争功劳， 不矜成就

不自见，故明；不自是，故彰；不自伐，故有功；不自矜，故长。夫唯不争，故天下莫能与之争。

——《道德经》

【智慧品读】

成功的人生不是强调出来的，别人的信任不是施舍得来的。过于积极的人反而让别人觉得做作。

相比之下，自在为人、无愧于心的人显得更为真诚实在。有需要自己去承担的责任时，就尽全力把落在自己肩上的担子挑起来，尽量把事做得完美，成功就来了。别人需要时，出于真诚而非图报地给予帮助，信任就来了。

而古往今来，能将此智慧运用得得心应手的代表人物之一便是中唐时期的郭子仪。国学大师南怀瑾在“谈典论人”时，曾写下《能进能退的郭子仪》一文，谈到郭子仪一生善用黄老，做人处世既有智慧，又不失自然坦荡。

唐代宗时，天下大乱，郭子仪奉命击退吐蕃和回纥军队。他不负众望，凭借一己之力说服回纥首领，单骑退兵，从此名震千古，传为佳话。在大唐危难之际，郭子仪立下赫赫战功。然而皇帝又担心他功高震主，命其归野。郭子仪接到圣旨二话不说，马上将事务移交清楚，坦然离去。等国家有难时，一接到命令，他又不顾一切，马上就位。如此以往，郭子仪屡黜屡起，四代君主都离他不开。

唐代宗大历二年十月，正当郭子仪领兵在灵州前线与吐蕃军拼杀的时候，宦官鱼朝恩却偷偷派人掘了他父亲的坟墓。当郭子仪从泾阳班师回朝时，朝中君臣包括代宗本人的心都悬着，猜想郭子仪此次归朝一定不会放过鱼朝恩。

所以郭子仪入朝的那一天，代宗主动提了这件事，不想，郭子仪却躬身自责起来。他说："臣长期带兵打仗，治军不严，未能制止军士盗坟的行为。现在，家父的坟被盗，说明臣的不忠不孝已得罪天地，这是我自作自受，怪不得他人。"朝臣们听了，都由衷地佩服郭子仪坦荡的胸怀。

郭子仪心里明白，自己功劳越大，麻烦就越大。即便当朝皇帝代宗对自己信任有加，但是伴君如伴虎，他不得不处处谨慎小心，不过度地要求，对自己的职责也丝毫不懈怠。每次代宗给他加官晋爵，他都恳辞再三，实在推辞不掉，才勉强接受。

广德二年，代宗要授他"尚书令"，他死也不肯，说："臣实在不敢当！当年太宗皇帝即位前，曾担任过这个职务，后来几位先皇为了表示对太宗皇帝的尊敬，从来没有把这个官衔授给臣子，皇上怎能因为偏爱老臣而乱了祖上规矩呢？况且，臣才疏德浅，已累受皇恩，怎敢再受此重封呢？"代宗没法，只得另行重赏。

做官如此，做人亦如此，有功不争功，有祸不畏惧，这样的智慧值得我们现代人学习。

相反，如果任何事都要争个说法，逞强好胜不可一世，就只会给自己带来不必要的伤害，最终输掉的还是自己。在历史上，就有一些人在取得了一些成绩以后，不知道收敛自己的锋芒，居功自傲，终于给自己惹来了杀身之祸。

三国时的许攸，本来是袁绍的部下，虽说是一名武将，却足智多谋。官渡之战时，他为袁绍出谋划策，可袁绍不听，他一怒之下投奔了曹操。曹操听说他来，没顾得上穿鞋，光着脚便出门迎接，鼓掌大笑道："足下远来，我的大事成了！"可见此时曹操对他很看重。

后来，在击败袁绍、占据冀州的战斗中，许攸又立了大功。他自恃有功，在曹操面前便开始不检点起来。有时，他当着众人的面直呼曹操的小名，说道："阿瞒，要是没有我，你是得不到冀州的！"曹操在人前不好发作，只好强笑着说："是，是，你说得没错。"但心中已十分忌恨。许攸并没有察觉，还总是信口开河。

又一次，许攸随曹操进了邺城东门，他对身边的人自夸道："曹家要不是因为我，是不能从这个城门进进出出的！"曹操终于忍耐不住，将他杀掉。一代谋臣，终成了刀下亡徒。

所以，我们做人一定要以此为戒，不管功劳有多大，都不能心高气傲，没有规矩。与人相处，总是要懂得把握自然的分寸，不争功劳，不矜成就，对人有恩，也不要总想着别人欠自己的情。

人际交往也好，职场相处也罢，如果我们表现得过于刻意和急功近利，就会让别人认为我们是有目的地接近他们，从而让自己的人际和工作陷入一种尴尬境地。

老子在《道德经》中说，不自以为能够看得见，因此能够看得分明；不自以为是对的，所以能够是非分明；不为自己求名利，因而能够功德圆满；不自高自大，所以能成为天下之王。如果我们处世时做到有功劳而不争，有成就而不矜夸，谦退坦荡，就能让自己的生活像一泓活水一样，永远不盈不满，来而不拒，去而不留，除故纳新，流存无碍而长流不息。

宽容大度， 忌锱铢必较

刻削之道，鼻莫如大，目莫如小，鼻小不可大也，目大不可小也。举事亦然。

——《韩非子》

韩非子这段话的意思是说，工艺木雕所需要注意的要领，首先在于鼻子要大，眼睛要小。鼻子雕刻大了，还可以改小，如果一开始便给刻得小了，那么以后就没有什么办法补救了。眼睛雕刻小了，还可以改大，如果一开始刻得大了，却无法改小。

人生的道理与雕刻是相通的，我们不要总是以自我为中心，应该放宽胸襟，宽厚待人，就会给别人和自己一个互相了解的机会，从而为日后的交往留出足够腾挪的空间，如此才能将生活过得尽善尽美。

一个真正的智者能够原谅别人的过错，记住他的善，而一个小肚鸡肠、斤斤计较的人只会从别人身上寻找原因，记住他的坏。

富弼是北宋仁宗时一位品行很好的宰相，然而富弼年轻的时候，因能言善辩常常在无意间得罪不少人，给自己的事业、生活带来了不利影响。

经过长时期的自省，他逐渐变得宽厚谦和。所以，当有人告诉他谁在说他的坏话时，他总是笑着回答："怎么会呢，他怎么会随便说我呢?"

一次，一个穷秀才想当众羞辱富弼，便在街心拦住他道："听说你博学多识，我想请教你一个问题。"

富弼知道来者不善，但也不能不理会，只好答应了。

秀才问富弼："请问，欲正其心必先诚其意，所谓诚意即毋自欺也，是即为是，非即为非。如果有人骂你，你会怎样?"富弼想了想，答道："我会装作没有听见。"秀才哈哈笑道："竟然有人说你熟读四书，通晓五经，原来纯属虚妄，富弼才智驽钝，充其量不过是个庸人而已!"说完，大笑而去。

富弼的仆人埋怨主人道："您真是难以理解，这么简单的问题我都可以回答，怎么您却装作不知呢?"

富弼说道："此人乃轻狂之士，若与他以理辩论，必会剑拔弩张、面红耳赤，无论谁把谁驳得哑口无言，都是口服心不服。书生心胸狭窄，必会记仇，这是徒劳无益的事，又何必争呢?"

几天后，那秀才在街上又遇见了富弼。富弼主动上前打招呼。

秀才不理，扭头而去，走了不远，又回头看着富弼大声讥讽道："富弼乃一乌龟尔!"

有人告诉富弼那个秀才在骂他。

"是骂别人吧!"

"他指名道姓骂你，怎么会是骂别人呢?"

"天下难道就没有同名同姓之人吗?"

他边说边走，丝毫不理会秀才的辱骂。秀才深感无趣，便走开了。

富弼用行动告诉我们，在处世时，不论是卑鄙的、恶毒的、残酷的，你千万不要因对方一句不公正的批评或难听的辱骂而变得像对方一样失去理智。生活中难免会发生矛盾，出现这样或那样的失误与差错，如果你不让我，我不让你，就很容易引发争斗。这时，我们就需要让自己的念头变得宽厚，既宽容他人也宽容自己。

为人处世，首先应当把握这样一个准则，要宽厚待人，千万不要心胸狭窄。待人和气如春日温煦，待人刻薄却如寒风料峭，前者能聚人，后者能树敌，人当谨慎为戒。

锋芒太露， 伤人伤己

斗斛满则人概之，人满则天概之。

——管子

晚清重臣曾国藩初入仕途时锋芒太露，处处遭人忌妒、受人暗算，咸丰皇帝也不信任他。1857 年 2 月，他的父亲曾麟书病逝，朝廷给了他三个月的假，令他假满后回江西带兵作战。曾国藩上疏试探咸丰帝，说自己回到家乡后念及当今军事形势之严峻，日夜惶恐不安。

咸丰皇帝十分明了曾国藩的意图，他见江西军务已有好转，而曾国藩不过是大清帝国的一枚棋子，授予实权则休想。于是，咸丰皇帝朱批道：“江西军务渐有起色，即楚南亦就肃清，汝可暂守礼庐，仍应候旨。”假戏真做，曾国藩真是欲哭无泪。在内外交困的情况下，曾国藩忧心忡忡，遂导致失眠。朋友欧阳兆熊借用黄老来讽劝曾国藩，暗喻他过去所采取的铁血政策，未免有失偏颇，锋芒太露，伤己伤人。面对朋友的规劝，曾国藩陷入深深的反思。

经过多年的宦海沉浮，曾国藩深深地意识到，仅凭他一己之力，是无法扭转官场这种状况的，如若继续为官，那么唯一的途径，就是去学习、去适应。“吾往年在官，与官场中落落不合，几至到处荆榛。此次改弦易辙，稍觉相安。”此一改变，说明曾国藩日趋成熟了。

攻下金陵之后，曾氏兄弟的声望可说是如日中天，达于极盛，曾国藩被封为一等侯爵，世袭罔替。但树大招风，朝廷的猜忌与朝臣的妒忌随之而来。所以不等朝廷的防范措施下来，曾国藩就先来了一个自我裁军。曾国藩意识到鸡蛋是不能与石头碰的，既然不能碰，就必须改变思路，明哲保身。他在两江总督任内，便已拼命筹钱，两年之间，已筹到 550 万两白银。钱筹好了，

办法拟好了，战事一结束，即宣告裁兵，不要朝廷一文，裁兵费早已筹妥。

人说招兵容易裁兵难，以曾国藩看来，因为事事有计划、有准备，也就变成招兵容易裁兵更容易了。

管子说过“斗斛满则人概之，人满则天概之”，意思是装量的斗斛太满了，就需要人把它刮平，而人太自满了，天就会把人刮平。曾国藩引用这句话来概括自己仕途上的圆熟通达的哲学理念。曾国藩的一生，曾因为锋芒毕露、铁血无情而落落不合，也曾因深谙老庄之法，不独享美名、正视责任而进退自如。其中的拐点就在于“完名美节，不宜独任，分些与人，可以远害全身”。

人在功高位显之时更应该洞悉世态人情之险，保持低调通达的作风，不让自己的权限侵犯他人的空间，才能确保成就应有的功德。

雄辩不绝者银， 韬光养晦者金

难得糊涂。

——郑板桥

宁武子是春秋时代卫国有名的大夫，经历卫国两代的变动，由卫文公到卫成公，两个朝代完全不同，宁武子却安然做了两朝元老。国家政治上了正轨，他的智慧、能力发挥得淋漓尽致；当政治、社会一切都非常混乱，情况险恶，他还在朝参政，但在“邦无道”时，却表现得愚蠢鲁钝，好像很无知。

但从历史上看他并不笨，对于当时的政权、社会，在无形之中，局外人看不见的情形下，他仍在努力挽救，表面上好像碌碌无能，实际却有所作为。

所以孔子给他下了一个断语：“宁武子，邦有道则知，邦无道则愚。其知可及也，其愚不可及也。”意思是说：宁武子这个人，当国家有道时，他就显得聪明，当国家无道时，他就装傻。他的那种聪明别人可以做得到，他的那种傻别人就做不到了。

世上的人，谁不愿意聪明自信，大展宏图呢？谁不愿意春风得意，成为万人瞩目的对象呢？但有时，一个人表现得太过突出，反而容易成为众矢之的。所以，必要时，一个人需要隐匿锋芒，学会揣着明白装糊涂。韬光养晦是一种心态，是一种做人的智慧。

既然对于世上许多事，分清对错都不容易，或者说根本没有搞清楚的必要，那么还是低调些比较明智。低调做人无论在官场、商场还是政治军事斗争中都是一种进可攻、退可守，看似平淡、实则高深的处世谋略。

老鹰站立时双目半睁半闭仿佛处于睡态，老虎行走时慵懒无力仿佛处于病态，实际上这些正是它们准备取食的高明手段。所以有德行的君子要做到不炫耀自己的聪明，不显示自己的才华，才能够有力量担任艰巨的任务。

这是一种韬光养晦、大智若愚的低调。深藏不露，是一种智谋。荣誉面前沾沾自喜，是招致灾祸的常见原因、保持淡然的态度，谦虚处世就会减少别人嫉恨和打击你的可能。以静制动，百战百胜；而轻举妄动，锋芒毕露，往往遭受祸患。鹰虎潜藏草木之中，伺机猎获诸兽，而狡兔窜入荒野，时遭杀身之祸。聪明难得，糊涂更难得。

明朝权奸之一严嵩工于心计，善用权谋，又有皇帝庇护，成功地将当时的内阁首辅夏言打倒之后取而代之。然后，权倾朝野，对所有弹劾他的官僚都施以残酷的打击，轻者去之，重者致死。夏言对徐阶有知遇之恩，但是徐阶看到此时的严嵩深得皇帝宠爱，因此并没有贸然出头，而是韬光养晦，静观其变。近二十年间，他一方面吸取老师夏言在朝堂内离群索居、孤立无援的教训，结交朝中大臣，同时细心观察皇帝态度的变化。他在自己认为成熟的时机从严嵩之子严世蕃下手，却见皇帝对严嵩依然有眷留之意而不了了之，此后更加如履薄冰，与严嵩虚与委蛇，步步为营，最终取得了胜利。

面对跪在自己面前的严嵩，他想到了他的老师夏言：严嵩也曾经向夏言下跪求情，夏言宽恕了他，却被他置于死地。严嵩携家人对他下跪，这一幕仿佛也曾经出现过：明朝后七子之首王世贞得罪了严嵩，严嵩便令人找碴，将他父亲逮捕入狱。王世贞亲自向严嵩赔罪，严嵩和颜悦色，转身便下命令拷打王世贞的父亲。绝望中，王世贞携弟弟在百官上朝时，头磕至血流，乞求有人能帮他，但是没有人站出来。徐阶也没有站出来，因为他知道那是以卵击石。现在，时候到了，徐阶笑着扶起了严嵩，答应了他，然后同样毫不

留情地抄了他的家。

这几十年中，徐阶一直没有放松警惕，一直都在学习。每一次朝堂大臣和严嵩斗争失败，他都会在心里记下一笔账。他从老师夏言那里学到了为官之道，并且思而后用，从同仁的失败中一再汲取教训。最重要的是他一直在静观时局的变化，最终修成正果：不仅对朝中各人的想法心中有数，也对皇帝和严嵩的心理及其关系有了清晰的了解。

徐阶很清楚，没有智慧的力量，只能是一种莽撞，这样的勇气是不足取的，所以他能够隐藏自己的锋芒和才华，沉稳低调，静待时机，最终一击成功。

有这样一副对联，写得十分有趣，道出了低调做人的真谛。上联是：做杂事兼杂学当杂家杂七杂八尤有趣，下联是：先爬行后爬坡再爬山爬来爬去终登顶，横批是：低调做人。

其实，低调并不难，只要愿意，人人都可以做到，真正的低调，需要一种参透人生的清醒、阅尽沧桑的感悟和包容与豁达的成熟。

第四章

居安思危， 以退为进是迂回成功的策略

不以物喜，　不以己悲

吾爵益高，吾志益下；吾官益大，吾心益小；吾禄益厚，吾施益博。

——《列子》

孙叔敖原来是位隐士，后来被人推荐给楚庄王，三个月后就做了令尹（宰相）。他善于教化引导百姓，经过他的治理，官民上下和睦，国家安宁和顺。

有位孤丘老人，很关心孙叔敖，特意登门拜访，问他："高贵的人往往有三怨，你知道吗？"孙叔敖回问："您说的三怨是指什么呢？"

孤丘老人说："爵位高的人，别人嫉妒他；官职高的人，君王讨厌他；俸禄优厚的人，会招来怨恨。"

孙叔敖笑着说："我的爵位越高，我的心胸越谦卑；我的官职越大，我的欲望越小；我的俸禄越优厚，我对别人的施舍就越普遍。我用这样的办法来避免三怨，可以吗？"

孤丘老人很满意，笑着离去。

孙叔敖严格按照自己所说的行事，避免了不少麻烦，但也并非一帆风顺，他曾几次被免职，又几次复职。有个叫肩吾的隐士对此很不理解，就登门拜访孙叔敖，问他："你三次担任令尹，也没有感到荣耀；你三次离开令尹之位，也没有露出忧容。我开始对此感到疑惑，现在看你的心态又是如此平和，你的心里到底是怎样想的呢？"

孙叔敖回答说："我哪里有什么过人的地方啊，我认为官职爵禄的到来是不可推却的，离开是不可阻止的。既然得到和失去都不取决于我自己，那我为何要觉得荣耀或忧愁呢？况且我也不知道官职爵禄应该落在别人身上，还是应该落在我的身上。落在别人身上，那么我就不应该有，与我无关；落在我身上，那么别人就不应该有，与别人无关。我的追求是顺其自然，哪里有工夫顾得上什么人间的贵贱呢?”

肩吾对他的话很钦佩。

孙叔敖后来得了重病，临死前告诫儿子说：“楚王认为我有功劳，因此多次想封赏我土地，我都没有接受。我死后，楚王为了奖励我生前的功绩，一定会封给你土地，你千万不要接受富饶的土地。在楚国和越国之间，有个地方叫‘寝丘’。这个地方土地贫瘠，名字也很不好听。楚国人信奉鬼神，越国人讲求吉祥，都不会争夺这个地方，因此这个地方可以长久拥有。”

孙叔敖死后，楚王果然要封给他儿子一块好的土地，他儿子辞谢不受，只请求寝丘之地，楚王答应了他的请求。按照楚国的规定，分封的土地不许传给下一代，唯有孙叔敖儿子的封地可以世代相传。

孙叔敖之所以保全了自己的子孙，主要是因为他不争名，不夺利，懂得进退之道，并以一颗淡泊之心处世。而作为普通人，我们常有的是宠辱若惊，既不淡泊也不明志。其实万物发展有其规律，到极致时就会走向反面，到鼎盛时就会走向衰败，所以在实际生活中祸福相倚、由盛转衰并不是史话传说。

事喜则人喜，事忧则人忧，这本是人之常情，但是一个有修养和远见的人，哪怕一生几经沉浮，也会依然故我，丝毫不见喜色或者忧容。富贵名利当然人人都想要，但是得之喜，或者失之惊的话就谈不上什么高境界了。只有做到“淡泊明志，宠辱不惊”，才能看透世事的险恶，做到“不以物喜，不以己悲”，获得心灵的宁静。

人生境界的高低不在于个人社会地位的高低，而在于眼界的高下。如果我们的胸怀够宽广，能够承载很多得意与失意，那么我们就可以从容地走完一生。

欲壑难填，知足常乐

骏马能历险，犁田不如牛；坚车能载重，渡河不如舟。舍长以取短，智者难为谋；生材贵适用，慎勿多苛求。

——顾嗣协《杂诗》

如果说只有顺利的人生、美丽的身体和聪明的头脑是完美的，那么世界上并没有完美。因为世界上没有完全顺利的人生，也没有全无瑕疵的身体，更没有不犯糊涂的头脑。所以没有必要总是刻意寻找自己没有而别人拥有的东西。正视我们自己的缺陷和不足，我们的生活反而会坦然一些。

这个道理虽然浅显，谁都可以说得头头是道，可当我们真正面对自己的缺陷，面对生活中的不尽如人意之处时，却又总感到懊恼、烦躁。其实追求完美没有错，可怕的是追而不得后的自卑与堕落。即使缺陷再大的人也有其闪光点，正如再完美的人也有缺陷一样。能够充分发挥自己的长处，照样可以赢得精彩人生。

正如清朝诗人顾嗣协的《杂诗》所说：骏马能够千里奔腾，克服艰险，但若要让它犁地却比不上牛；坚固的车子能够装载重物，但要是过河可就不如舟船了。所以，丢掉长处而去用短处，即使是很聪明的人也难以做好；天生我材，贵在用在最适合自己的地方，千万不要苛求过多。过分地追求完美只会让自己徒增烦恼。

有一位先生娶了一个体态婀娜、面貌娟秀的太太，两人恩恩爱爱，是人人称羡的神仙美眷。这个太太眉清目秀，性情温和，美中不足是长了个酒糟鼻子，好像失职的艺术家，对于一件原本足以称傲于世间的艺术精品，少雕刻了几刀，显得非常突兀怪异。

这位丈夫对于太太的鼻子终日耿耿于怀。一日他出外去经商，行经贩卖奴隶的市场。宽阔的广场上，四周人声沸腾，争相吆喝出价，抢购奴隶。广场中央站了一个身材单薄、瘦小清癯的女孩子，正以一双水汪汪的泪眼，怯生生地环顾着这群如狼似虎、决定她一生命运的人们。这位丈夫仔细端详女孩子的容貌，突然间，他被深深地吸引住了。好极了！这个女孩子的脸上长着一个端端正正的鼻子，不计一切，买下她！

这位丈夫以高价买下了长着端正鼻子的女孩子，兴高采烈，带着女孩子日夜兼程赶回家，想给心爱的妻子一个惊喜。到了家中，把女孩子安顿好之后，他以刀子割下女孩子漂亮的鼻子，拿着血淋淋而温热的鼻子，大声疾呼：

"太太！快出来哟！看我给你买回来最宝贵的礼物！"

"什么样贵重的礼物，让你如此大呼小叫的？"太太狐疑不解地应声走出来。

"喏！你看！我为你买了个端正美丽的鼻子，你戴上看看。"

丈夫说完，突然抽出怀中的利刃，一刀朝太太的酒糟鼻子砍去。霎时太太的鼻梁血流如注，酒糟鼻子掉落在地上，丈夫赶忙用双手把端正的鼻子嵌贴在伤口处。但是无论丈夫如何努力，那个漂亮的鼻子始终无法粘在妻子的鼻梁上。

可怜的妻子，既得不到丈夫苦心买回来的端正而美丽的鼻子，又失掉了自己那虽然丑陋但是货真价实的酒糟鼻子，并且还受到无端的刀刃创痛。而那位糊涂丈夫的愚昧无知，更是可怜！

也许世界发展到今天这个模样，不会再有如此愚蠢的人出现，但是人们追求完美的心理，却与文中那个手拿利刃的丈夫如出一辙。有些人以为自己追求完美的心理是积极向上的表现，其实他们才是最可怜的人，因为他们是在追求不完美中的完美，而这种完美，根本不存在。也就是说他们所有的追求如海市蜃楼，只是一个幻影而已。

事实上，世界上本来就没有完美。我们口中时时叨念的完美其实是我们心中的知足。

看到别人因偷盗钱财而锒铛入狱时，我们会庆幸自己的生活没有到一无所有的境地，于是会倍加珍惜我们现有的财富；看到别人面部被烧伤，却仍能保持微笑时，我们就不会再苦恼自己没有生得一张明星脸；看到富翁在死后，他的儿女为了争夺遗产而抛弃亲情时，我们就会满足于自己平淡而没有纷争的生活……

因此，当我们满足时，我们的心和生活就都是完美的。

得意失意皆不忘形

嗜酒能啸，善弹琴。当其得意，忽忘形骸。

——《晋书·阮籍传》

【智慧品读】

人的一生，或多或少，总是难免有浮沉，不会永远如旭日东升，也不会永远痛苦潦倒。面对人生的起伏，真正的高手都是那些能以平常心牢牢地驾驭人生这匹烈马的人。平常心就是一个人心灵中最美丽的一面和最上乘的人生哲学。拥有这颗心的人，无论人生几多沉浮都会像一个凡人那样活着，像一个诗人那样体验，像一个哲人那样思考。

其实，人生宠辱有时只是一种表象，从长远来看，宠是得意的总表象；辱是失意的总表象。当一个人成名立功时，除非平素具有淡泊名利的修养，否则一般都会欣喜若狂，喜极而泣。这就是所谓的“得意忘形”。

古时候，有一个老童生考秀才，胡子都白了，仍没考取。有一年，他正好与儿子同科应考。到了发榜的那一天，他正在屋里洗澡，儿子看榜回来，高兴地报喜：“父亲，我已考取了。”老童生在屋里一听，便大声呵斥：“考取一个秀才算得了什么，这样沉不住气！”儿子一听，吓得不敢大叫，便轻轻地说：“父亲，你也考取了。”老童生一听，忘了自己光着身子连衣服还没穿上，忙打开房门，大声呵斥：“你怎么不早说！”

而宠辱是常常交替的，于是，人们常感到“世态炎凉”，感到人际交往的势利。比如有人在台上时，不少人都巴结他，门前是车水马龙，拜访的人络绎不绝；而一旦下台，就门可罗雀，无人理睬。

战国时，名将廉颇的“一贵一贱，交情乃见”能很好地说明这个问题。《史记》所载，廉颇失势之时，他的门客全都走了。当朝廷又复用他为大将后，门客又都回来了。他愤怒地吼道："你们都滚！"门客却笑着说："您怎么到现在才知道，天下都是势利之交，您有权势，并养得起我们，我们当然都来追随您；您一失势，我们当然要散去，这是世道的当然道理，您难道连这点也看不到吗？"

诸葛亮有一句名言，可作为人们学习修养的最好的座右铭："势利之交，难以经远。士之相知，温不增华，寒不改弃，贯四时而不衰，历坦险而益固。"

真正的友情，是经得起时间考验的，在我们得意时，真正的朋友不助长我们的得意；在我们失意时，真正的朋友绝不会将我们舍弃，而且能够同甘苦共患难，友谊反而在患难中越来越牢固。所以说，无论是我们对别人，还是别人对我们，拥有豁达的平常心，不仅能做到宠辱不惊，还能做到面对毁誉不动心。

宠辱不惊，对外界的毁誉、对于人生起伏都怀一颗平常心，便是一种圣人境界。在我们的现实生活中，做好自己、看淡外界是非可以帮助我们在飞速变化的时代保持一颗平常心。对别人的赞誉，少受几分，心境就不会飘飘然；对别人的批评，多些反省，我们就不会耿耿于怀。

同样的道理，遇到人生的嘉奖，不要得意忘形；遇到生活的坎坷，不要妄自菲薄，既然我们已经尽力而为了，就不要强迫自己符合外界的框架。这样去做，我们就可以避免在得意时生出失意之悲，在苦心时丧失生活的乐趣。

以未雨绸缪之思， 行有备无患之事

居安思危，思则有备，有备无患，敢以此规。

——《左传》

胜可知，而不可为。意思就是说："胜利是可以预测的，但是不能够强

求。”这句话看起来很悲观，但其实是非常冷静和理性的。我们总是很容易被美好的幻想迷住眼睛，尤其是当自己感到胜券在握的时候，就放松了神经守株待兔。但是，万一没有自投罗网的兔子，家人等着吃兔肉，我们要怎么办呢？真正万无一失的计划，就是要在万一失败的时候，也能够应对，这是一种忧患意识和危机意识，是我们生活中不可缺少的。

有一只野猪每天在树干上磨牙，一只狐狸见到了，感到很奇怪便嘲笑他说：“老兄，现在又没有猎人和猎狗，大好的晴天怎么不坐下来享受一下阳光呢?”

野猪回答：“等猎人和猎狗出现的时候再磨牙齿，一切都来不及了。”

狐狸听了不以为然，在阳光下继续漫步，悠然自得。这时猎人意外出现，狐狸失去了自己的性命。

显然，这只野猪具备危机意识。大自然中有着惬意悠然的生活，但是这里面潜藏的危机，任何一种动物，如果不提前练就应对的本领，就随时有可能丢掉性命。

我们生活的环境也是这样的，虽然并没有出现严重的生存危机，但是时刻要给自己提一个怎样完善自己、充实自己的问题。这样做就是一种忧患意识、危机意识的表现。明代嘉靖帝时，宰相严嵩权倾朝野，人们无不趋奉他们。

有一年，严嵩过生日时，宜春县令刘巨塘进京拜见皇帝后，随众多官吏前往严府为严嵩祝寿。严嵩十分傲慢，他随意招呼过众人，便命人把大门关上，禁止任何人出入。

刘巨塘来不及出府，被关在严府中，时近中午也无人安排酒食。他饥渴交加，只得在府中乱转。

这时，严家的仆人严辛把刘巨塘领到自己的住处，用丰盛的酒食招待他：“我家主人怠慢大人了，小人若能让大人不责怪我家主人，小人就稍感安心。”

刘巨塘十分惶恐，忙道：“我官小职微，无足轻重，蒙你家主人接待，已万感荣幸了，哪敢责怪呢?”

严辛摇头说：“此地就你我二人，大人不必讳言了。我虽为严家仆人，但也知世故人情，故而和大人倾心交谈。”

刘巨塘听来，不明其意，只好道：“你有何意，请直接讲来，我绝不外传就是了。”

严辛为刘巨塘敬酒后，道：“我家主人对上恭顺，对下骄慢，以君子自居，却行小人之事，这不是外人可以一眼便见的。我追随他多年，深知他终有败露之时。有一天他大祸上身，我等也势必受到牵连，现在若不趁早寻个依靠，找个退路，到时就晚了。我见大人心地良善，当为可托付之人，故而赤诚相告。”

刘巨塘惊骇不已，随口道：“你就这么肯定你家主人要遭祸吗？我实难相信呐。”

严辛郑重地说：“大人遭他轻视，只此一节，便可察知他的为人真相了，大人还有何怀疑吗？”

刘巨塘心中佩服严辛的见识，嘴里却百般不予承认。

几年之后，严嵩破败，严世蕃被杀，仆人严辛也受牵连而下狱。此时刘巨塘正好在袁州当政，他主理严辛的案子，感念旧情，便将严辛发配边疆，免其一死。

严辛的一双慧眼和果断地出手为自己日后身家性命的保全赢得了机会。他未雨绸缪，提前给自己的人生留了后路，这就显示了他的远见和智慧。做人要善于经营和筹备，如果严辛不具有忧患意识，恐怕风雨来时他也自身难保。

《左传》中说：“居安思危，思则有备，有备无患，敢以此规”。这个世界上的任何人都不可能只在一种生活状态中生存，唯有有准备之人才能抓住福祸转换时的救命绳索。生活中养成未雨绸缪的思维习惯，总不会错的。在闲暇时不让时光轻易流过，抓紧时间做些准备，到了忙的时候自然会用得着。只有平时做足了精神上、物质上的准备，才能敏感于环境的变化，躲避祸患，抓住保全自己的机会。

不为金钱所奴，不为生命所役

人生在世，太闲则别念窃生，太忙则真性不现。故士君子不可不抱身心之忧，亦不可不耽风月之趣。

——《菜根谭》

【智慧品读】

现代人总是忙个不停，为家，为事业，为理想。我们不能太闲，《菜根谭》劝导世人"太闲则别念窃生"。但是如果太忙则"真性不现"，因此在古人眼中，一个德行高尚的君子，不会让自己的身心过于疲倦。

人一辈子都忙忙碌碌做什么呢？做自己身体的奴隶，做物质的奴隶，做别人的奴隶，为儿女、亲戚、工作，终生都在服役，最后却一无所成地离去。如果用《易经》中的一句坤卦总结，即："无成有终"，一生看不到成果，生命便结束了。

鹿和马都被公认为跑得最快的动物，只不过鹿在森林中，马在草原上，它们都对彼此有亲切感，但是关系还仅限于偶尔碰面时打个招呼而已。既然双方都有成为朋友的心愿，何不进一步促进彼此的关系呢？于是，鹿就邀请马到家里来玩，马欣然同意了。

那是一个春日的午后，草原上吹着温馨的风，马踏入了森林。然而，刚进入森林的马很快就后悔了。这是和草原完全不同的世界，起初还不觉得怎么样，可是越往森林里面走，树木就越高大，绿叶也越茂密。树林的枝叶重重叠叠地遮蔽了天空，草原上那习以为常的高挂天空的太阳，在这里完全看不见。怀着不安的马，陡然对住在这种地方的鹿害怕起来。它不得不承认，只有灵敏的鹿才适合这座密林。

后来，人类邀请马与他们合作，马看到了人类的智慧和无尽的财富，被吸引了。有一天，人说："其实你应该是世界上跑得最快的，现在我们又能够提供给你丰盛的食物，如果你能够依照我们的方法去做，即使是在森林里，你也一定能够跑赢鹿。”不知道为什么，马竟然答应了。人类利用可以让马吃饱为条件，堂堂正正地骑到了它的背上，他们一起进入森林里追赶、猎捕鹿。一场阴谋开始了。

被追得走投无路的鹿在疑惑之中，满怀着悲伤，对马露出悲哀和疑惑的神情。可是，此时的马被鞭打的疼痛和缰绳操纵的窘迫弄得头脑麻木，它或许根本就没有多余的精力去察觉鹿的变化。从那次狩猎结束之后，人类便把马的缰绳紧紧抓在手中了，他们喂养马，并把它们绑在专门建造的马厩里。

为生命所奴役，一辈子都处于疲惫不堪的状态，找不到自己的归宿，怎能不感到悲哀？这样的话，即使长命百岁，终是年老力衰，活长了又有什么用呢？

有的人可以永远做自己生活的主人，而有的只配永远做自己生活的奴隶。就像故事中的马一样，为了满足自己的虚荣，填满自己的妒忌心，却永远地丢弃了自由的权利。可见，你选择了什么样的人生道路，决定了你享有什么样的人生。无论你要选择什么、放弃什么，都要弄清楚这样做值得不值得。

把握当下， 学会知足

有吾之有，则心逸而身安。

——张商英《黄石公素书注》

有一个村庄，里面住着一个独眼的孩子。

孩子的左眼是在他9岁那年瞎的。一场高烧之后，他忽然对他的爹娘说：“我的左眼看不见东西了！”两位老人一惊，忙过来用手在他左眼前晃，而那

只左眼果然像坏了的钟摆一样一动不动。他爹娘顿时泪流满面，仅有的儿子瞎了一只眼睛可怎么办呀！

没料到爹娘哭得伤心的时候，他却缓缓地说："爹娘，你们哭啥，应该笑才对！这场病不是只弄坏了我一只眼吗？左眼瞎了，右眼还能看得见呢！总比两只眼都弄坏了要好啊！你们想一想，我比起世界上那些双目失明的人，不是强多了吗？"儿子的一番话，把两位老人惊呆了，但后来想想也有理，于是停止了流泪。

这个眼睛有问题的孩子家境不好，爹娘无力供他读书，只好让他去私塾里旁听。爹娘为此十分伤心，孩子却劝道："我如今也已识了些字，虽然不多，但总比那些一天书没念，一个字不识的孩子强多了吧！"爹娘一听，觉得安然了许多。

后来，这个孩子长大后娶了个嘴巴很大的媳妇。爹娘又觉得对不住儿子，孩子便劝他们说："能娶到这样的一个媳妇已经很不错了，和世界上的许多光棍比起来，简直可以说是好到天上去了！"

这个媳妇勤快、能干，可脾气不好，不温柔、不驯服，把婆婆气得心口疼。儿子劝道："娘，你这个儿媳妇是有些不大称你的心，可是你想想，天底下比她差得多的媳妇还有不少。你的儿媳妇脾气虽是暴躁了些，不过还是很勤快的，又不骂人。"爹娘一听真有些道理，就不生气了。

可是，瞎爷家确实很贫寒，妻子实在熬不下去了，便不断抱怨。他便说："你只跟那些住进深宅大院、家有万贯资财、顿顿吃肉喝酒的人家相比，自然是越比越觉得咱这日子是没法过了。但是你只要瞧瞧那些拖儿带女四处讨饭的人，白天饱一顿饥一顿，晚上睡在别人家的屋檐下，弄不好还会被狗咬一口，就会觉得咱家这日子还真是不错。"

后来他老了，想在合眼前把棺材做好，然后安安心心地走，可做的棺材属于非常寒酸的那一种，妻子愧疚不已，这时他又说了："这棺材比起富豪大家们的上等棺木是差远了，可是比起那些穷得连棺材都买不起，尸体用草席卷的人，不是好很多吗？"

所以当他死的时候，面孔安详，脸上还留有笑容……

故事中的人有一只眼睛失明，没有知识，没有漂亮的媳妇，没有万贯家财，死时也没有一副好棺材，但他却总是看到别人没有的、自己拥有的，从而见到了"无中之有"的幸福和知足，这种幸福和知足就是他的财富。

北宋无尽居士张商英说："有吾之有，则心逸而身安。"获得心身安逸的最好方法是知道当下的生活中已经拥有的东西。跳出"我没有"的思维定式，计算一下自己已拥有的，我们就会发现我们每个人都是富人。

生活中，跳出"我没有"的思维牢笼的人生便是把握当下、懂得知足的创意人生。这种人生中自有一种境界和大度，让我们淡化忧伤、悔恨和欲望。也许我们所拥有的那一部分因为缺陷而不那么可爱，但却也是一个人生命的一部分，接受它且善待它，我们的人生便会多一份财富。

把眼光放在自己拥有的事物上、把对过去的追悔和对未来的奢望通通收过来，我们的心就会被幸福和感激充满。

感恩逆境，反躬自省

宝剑锋从磨砺出，梅花香自苦寒来。

——中国古谚语

鉴真和尚在传播佛教和盛唐文化方面，有很大的历史功绩，但是他刚刚剃度遁入空门时，寺里的住持让他做了寺里谁都不愿做的行脚僧。

有一天，日已三竿了，鉴真依旧大睡不起。住持很奇怪，推开鉴真的房门，见床边堆了一大堆破破烂烂的草鞋。住持叫醒鉴真问："你今天不外出化缘，堆这么一堆破草鞋做什么？"

鉴真打了个哈欠说："别人一年一双草鞋都穿不破，我刚剃度一年多，就穿烂了这么多的鞋子。"

住持一听明白了，微微一笑，说："昨天夜里下了一场雨，你随我到寺前的路上走走看吧。"寺前是一座黄土坡，由于刚下过雨，路面泥泞不堪。

住持拍着鉴真的肩膀说："你是愿意做一天和尚撞一天钟，还是想做一个能光大佛法的名僧呢？"

鉴真不假思索地说："想做名僧"。

住持捻须一笑，说："你昨天是否在这条路上走过？"

鉴真说："当然。"

住持问："你能找到自己的脚印吗？"

鉴真十分不解地说："昨天这路又坦又硬，小僧哪能找到自己的脚印啊？"

住持又笑了笑，说："今天我俩在这路上走一遭，你能找到你的脚印吗？"

鉴真回答道："当然能了。"

住持听了，微笑着拍着鉴真的肩说："泥泞的路才能留下脚印。"

鉴真恍然大悟。

做一天和尚撞一天钟，虽然不会让人奔波劳累，却永远让人于名僧无缘。作为行脚僧，鉴真穿坏比别人多好几倍的鞋子，同时也收获到了比别人更多的历练。

就像住持说的那样，"泥泞的路才能留下脚印"，只有在风雨中走过的人们，才能证明自己的价值、遇见自己人生的彩虹。相比之下，世界上没有谁的脚印会留在夯实的坦途上。古今中外那些立大志、成大事的人，都备受磨难、遍尝艰辛，而最终为上天所成全，得建丰功伟业。

人的生命似洪水在奔腾，不遇着岛屿和暗礁，难以激起美丽的浪花。对于真正坚强的人来说，任何困难和逆境都是走向更高地位的开始。任何成功的过程都难免遇到困难和逆境，因为它们才是检验强者的试金石，真正的强者会在身处逆境时反省自身、改正错误、充实自己，然后打点起行囊继续前进直到成功。

相反，一个人常常处于顺境，反而会像盆栽花卉一样对适宜的温度和悉心的照料形成依赖，结果失去应对风雨的能力。

"宝剑锋从磨砺出，梅花香自苦寒来"。生活中，逆境是我们人生道路上一个给我们提供补给的驿站，经过它这一站，我们的生活会更加精彩。所以我们应该学会感恩逆境和失败，抓住这条绳索，锻炼我们紧握成功的臂力，才可以借助它攀高涉险，步入新的天地。

从小事做起

乃至童子戏，聚沙为佛塔。

——《妙法莲华经》

【智慧品读】

对于世间万物来说，大与小的概念都不尽相同。地球很大，但跟银河系比起来就是九牛一毛了；一片树叶很小，但对于一只蚂蚁来说它就是一个巨大的广场了。在很多人看来成功就是做大事，于是他们不屑于做小事。但“一屋不扫，何以扫天下”，同样的道理，小事不做何以成大事！

一个人的成败得失常在小处、暗处，它往往是被人们忽略的。大事虽然大，但也要从小事做起，把小事做到极致自然成就了大事。粒米中藏须弥山，许多不起眼的人、事、物有着不可限量的能量。小砂石可以建高楼；小火星可以燎原；小小微笑可以散播欢喜与爱，所以，“小”中往往蕴含有无穷的力量。任何一小步都有可能成就前途的一大步。

按照辽朝惯例，凡是皇帝乘车经过的地方，地方长官都要有所进贡。辽圣宗耶律隆绪到云中打猎，当地的节度使向圣宗进言说：“我们境内没有什么其他的特产，只有幕僚张俭算得上是当世俊杰，我想推荐他为皇上效力。”圣宗于是召见张俭。圣宗向他询问治国之道时，张俭谈到了三十多件事，从此受到圣宗赏识，待遇也很优厚。

1036 年，皇帝来到礼部贡院亲自考试进士，这是由张俭提出的建议。张俭觐见皇帝时，还蒙特许可以先不通报姓名。皇帝也赐诗表扬过他的美德。张俭只穿一般的绸子衣服，吃饭时菜也很少，将每月节余的俸禄送给有困难的亲朋故友。

有一年正值冬天，张俭在便殿奏事，皇帝见他的衣袍又脏又旧，就暗自让宫中侍者在衣袍上用火夹子烫了一个孔作为记号，后来多次见他还是穿这

件袍子。皇帝纳闷，问他原因，张俭回答说："我穿这件袍子已经30年了，舍不得换它。"皇帝怜悯他，就让他到内务府任意拿取布料去做新衣，张俭只拿了三端（二丈为一端）布就出来了。皇帝见后，甚是高兴，从此之后更加敬重他了。

张俭在为人处世方面，即使在细微小事上也坚持自己的操守，让人家找不到一点岔子。

生活中，很多人都不注重小事，认为那些鸡毛蒜皮的事老是由自己去关注，岂不是太"掉价"了。其实，小事中也蕴含着做人做事的大道理，如果这些小事你都不能认真对待，又怎么去做大事呢？况且大事其实也是由小事累积而成的，就像物体是由原子、分子组成的一样。

有做小事的精神，就能产生做大事的气魄。不要小看做小事，只要有益于工作、有益于事业，人人都应从小事做起。用小事建构起来的事业才是坚固的，用小事累砌起来的长城才牢靠。

"乃至童子戏，聚沙为佛塔"。千里之行，始于足下；九层之台，起于累土；合抱之木，生于毫末。欲行千里，就从脚下开始；想成大树，就从毫末做起。不屑于平凡小事的人，即使他的理想再壮丽，也只能是一个五彩斑斓的肥皂泡。想要实现凌云壮志，必须脚踏实地，专注于小事。

不畏艰险，点滴积累

不经一番寒彻骨，怎得梅花扑鼻香。

——黄蘖禅师《上堂开示颂》

【智慧品读】

人间一切横逆困难是磨炼英雄豪杰心性的熔炉。只要能够接受这种锻炼，人的身体与精神都会得到益处；如果不能承受这种恶劣环境的煎熬，那么在将来遇到困难时，他的身体和精神都会受到损伤。所以人要锻炼出坚忍不拔的精神。

苦难无处不在，人人都可能遭遇。但苦难是否可怕，全在如何去应对。平庸之辈，遽然遭遇而惊慌，颓然叹息而失措，更加疑神疑鬼，终至一蹶不振，为苦难所吞没。而强健高洁之士，虽遭重创而精神不乱，面临困苦而意志弥坚，假以时日，否极泰来，苦尽甘至，守得云开见月明，正可遂其青云之志。

历览世间成大事者，皆经历过一番寒霜之苦，没有人能够绕过。苦难可以涵养浩然正气，孕育卓越英才，成就辉煌人生。

作为一个胸怀大志的才子，杜甫可谓生不逢时。“安史之乱”的浩劫，打破了唐王朝繁华盛世的局面，也打碎了杜甫心中的美好蓝图，从此他走上了一条与残酷现实抗争的荆棘之路。困守长安达10年之久而无所作为，他的理想之火不灭；遭受幼子饿死之痛，一家老小甚至沦为难民，他也没有放弃信念；被叛军俘虏，沦为阶下囚，他还是对国家忠心耿耿。直到大历五年（公元770年），在一个非常寒冷的冬日，一叶行在潭州到岳阳江面上的孤舟，带走了诗人59年的生命。

作为一位历经磨难的诗人，杜甫一生漂泊，他游历了国家的大好河山，也看尽了百姓生活中的痛苦，从而写出了“三吏”、“三别”这样忧国忧民、脍炙人口的诗篇。

杜甫虽生不逢时，却依然心忧天下，为天下苍生而奔走。他这种身在饥寒之中而心忧天下的可贵品质是贯穿其一生的，这种至高至洁的伟大人格让人感动，正是：“历千万祀，与天壤而同久，共三光而永光。”

任何伟业都不是一蹴而就的，而是不畏艰险、一点一滴地积累起来的。远大的理想与眼光，再加上点滴的积累和百折不挠的精神，为人们的成功奠定了基础。

“不经一番寒彻骨，怎得梅花扑鼻香。”人生皆有苦难，苦难成就人生。面对人生苦难，我们唯一能做的是微笑以对。这需要一种宽容、博大的心胸，一种坦然、顶天立地的从容。昂起高贵的头，扬起意志的风帆，迎着风雨远航。哪怕风儿报以残枝败叶的萧瑟，雨儿报以举步维艰的迷茫，皆愿以一种强者的风范，一种藐视万难的气度面对人生苦难。任何逆境和困厄都能锻炼人们的意志力，能使人的心性更趋坚强与完美。

以退为进， 蓄势待发

登山耐险路，踏雪耐危桥。

——中国古语

在生活的道路上，每个人都会因为一些事情而烦恼、郁闷，如果我们从中吸取经验和教训，学会忍耐，增加一分“退”的勇气，就会把坏事变成好事。中国有句俗语说：“大丈夫能屈能伸。”说的便是忍辱负重。

如果有大志向，就不要纠缠于小事和小的过节。当忍的地方，就忍耐。如果什么事情都不想忍耐，什么亏都不能吃，这样的人势必会在一些无谓小事中浪费很多的精力，他的生活中也会是非不断。只有适当地忍耐，才能养精蓄锐，给自己足够的时间和空间，去实现更大的梦想。当然，在没有足够的实力的时候，更加需要忍耐。因为弱者的生存之道就是隐忍。

一次，滕文公面临强大的齐国将在邻国薛筑城时，心里非常恐慌，于是请教孟子应该怎么做。

孟子回答说：“昔者大王居邠，狄人侵之，去之岐山之下居焉。非择而取之，不得已也。苟为善，后世子孙必有王者矣。君子创业垂统，为可继业。若夫成功，则天也。君如彼何哉！强为善而已矣。”

孟子举出了周朝先祖太王的例子，即太王为避狄人的侵犯，体恤百姓，到岐山避难。意在劝谏滕文公面临强敌时，不要与人争强斗胜，而是自己勉励为善，巩固内部，然后自立图强。

孟子在这里提出了使国家保存下来的最实用的办法，也就是忍道。当国力不够强，无法与外敌抗衡时，为了生存下去就要忍。

“忍字心头一把刀”，事物总是在不断地运动和变化，机会存在于忍耐之中，对于垂钓者来说，最好的进攻方式就是忍耐。大机会往往蕴藏在大忍耐之中，忍不是停止、不是逃避、不是无为，而是守弱、蓄积、迂回前进。

当命运陷入无可掌控之时，就要心平气和地接纳这种弱势，坚强地忍耐弱者的地位，在守弱的基础上累积实力，发奋图强，使自己脱离弱者的不利地位，适时出击，争取赢得新的成功机会。

山里有座寺庙，庙里有尊铜铸的大佛和一口大钟。每天大钟都要承受几百次撞击，发出哀鸣。而大佛每天坐在那里，接受千千万万人的顶礼膜拜。

一天夜里，大钟向大佛抗议说："你我都是铜铸的，可是你却高高在上，每天都有人对你顶礼膜拜、献花供果、烧香奉茶。每当有人拜你之时，我就要挨打，这太不公平了吧！"

大佛听后微微一笑，安慰大钟说："大钟啊，你也不必羡慕我，你可知道吗？当初我被工匠制造时，一棒一棒地捶打，一刀一刀地雕琢，历经刀山火海的痛楚，日夜忍耐如雨点落下的刀锤……千锤百炼才铸成佛的眼耳鼻身。我的苦难，你不曾忍受，我历经难忍的苦痛，才坐在这里，接受鲜花供养和人类的礼拜。而你，别人只在你身上轻轻敲打一下，就忍受不了了！"大钟听后，若有所思。

忍受艰苦的雕琢和捶打之后，大佛才成其为大佛，大钟的那点捶打之苦又有什么不堪忍受的呢？在人生中，功业失败需要忍耐，感情受挫需要忍耐，人生磨难需要忍耐，人际往来需要忍耐，家庭生活需要忍耐。吃得苦中苦，方为人上人。忍耐能让人们超越平庸，让寻常的人生闪烁光彩。

"登山耐险路，踏雪耐危桥"，忍耐是一种执着，是一种谋略，也是一种技术，它更是成熟人性的自我完善。

克制而不放纵

有颜回者好学，不迁怒，不贰过。

——《论语》

【智慧品读】

一次，鲁哀公问孔子：“你的人生走到这里，可谓是桃李满天下了。那么在这么多的学生中，你自认为谁是学得最好并可继承你未竟的事业的人呢？”

孔子把自己教过的学生在头脑中简单地过了一下，然后说：“学得最好的当属颜回这个人了。因为他性格温和、不迁怒，品行端正、不贰过。可惜他已经死了，但是即便这样，直到现在我再也没有遇到比他做得更好的人了。”

颜回不一定有帝王之才，但却因为良好的控制情绪的能力而被孔子高度评价。“不迁怒”即是不会因为自己的情绪而迁怒于人，“不贰过”也就是同样的错误不会出现两次。这也是圣人给脾气暴躁和固执的人的建议。

那些脾气暴躁、不懂得克制情绪的人和固执地不肯改过的人是难以“建功业而延福祉”的。在我们的生活工作中，事实也的确如此。迁怒他人与过而不改都是不能控制自己情绪的表现，也是人们工作、生活中的两大弊病。它们小则使人际关系紧张，大则导致事情失败。

曾经有个人因为不能控制自己的情绪，与即将到手的胜利擦肩而过。

在一次台球比赛中，有个选手在最初的几场比赛中得分一直遥遥领先，只要再得几分便可稳拿冠军了。就在这个时候，他发现一只苍蝇落在主球上，他挥手将苍蝇赶走了。可是，当他俯身击球的时候，那只苍蝇又飞回主球上，他在观众的笑声中再一次起身驱赶苍蝇。这只讨厌的苍蝇影响了他的情绪。而且更为糟糕的是，苍蝇好像是有意跟他作对，他一回到球台，它就又飞回到主球上来，引得周围的观众哈哈大笑。

这名选手的情绪恶劣到了极点，他终于失去理智，愤怒地用球杆去击打苍蝇，球杆碰到了主球，裁判判他击球，他因此失去了一轮机会。接下来，他方寸大乱，连连失利，而他的对手则越战越勇，终于赶上并超过了他，最后拿走了桂冠。第二天早上，人们在河里发现了这名选手的尸体，他投河自杀了！

为一只苍蝇付出了生命的代价，让人唏嘘不已。假如他能及时控制自己的怒火，而不是将之狠狠地发泄到苍蝇的身上，假如他在失败后好好反省自己，并主动改正，也许会有不一样的结局。只可惜这个世界上没有假设，更没有因为悔恨而扭转的败局。

迁怒和固执各有自己的规律。迁怒的人，往往迁怒于他者，迁怒于外物，迁怒于对自己没有巨大威胁的对象，来寻求所谓的平衡；固执的人，常常固执己见，固执于自认为对的想法，却不肯回头看看。虽然两个规律方向相反但都是一种阴暗心理的外现。而在我们的生活中，特别是在和别人交往时，对于工作的成败与合作气氛的融洽与否，情绪起着至关重要的作用。要成就一番事业的人应该学会心理调控，学会及时走出消极情绪的笼罩。任何管理者都无法相信一个动辄生气、却不肯为自己的过错主动承担的人能为公司带来业绩。

一个人要成就大的事业，就不能随心所欲、感情用事，而应对自己的言行有所克制。

自制能力是在工作中善于控制自己情绪和约束自己言行的一种能力。能够掌控自己的情绪是暴躁和固执的人突破自身局限的法门。因为我们如果一味放纵自己的情绪，就将沦为情绪的奴隶。冲突总是不可避免，但少一分暴躁，淡去些固执，就会多一分宁静，多一分美丽。

欲腾飞， 先沉潜

博观而约取，厚积而薄发。

——苏轼《杂说送张琥》

【智慧品读】

人生需要慢慢积淀，当时机成熟，风力充足，有了一定的能力才智作为本钱，定能一飞冲天。

人生的某个时刻，或是一个人年轻之时，或是修道还没有成功的时候，或是倒霉得没有办法的时候，必须“沉潜”在深水里头，动都不要动。只有修到相当的程度，摇身一变，才能一飞冲天。相反，一个人若不懂得沉潜蓄势，越是急躁反而越难达到目标。

一位年轻的画家，在他刚出道时，三年没有卖出去一幅画，这让他很苦恼。于是，他去请教一位世界闻名的老画家，他想知道为什么自己整整三年居然连一幅画都卖不出去。那位老画家微微一笑，问他每画一幅画大概用了多长时间。他说一般是一两天吧，最多不过三天。那老画家于是对他说：“年轻人，那你换种方式试试吧，你用三年的时间去画一幅画，我保证你的画一两天就可以卖出去，最多不会超过三天。”

故事中的青年的经历不免让人惋惜，可是现实中，很多时候我们都是在重复着和青年一样的错误。其实，做人处世，沉潜的日子相当于长长的助跑线，能够让我们飞得更高更远。

《三国演义》中曹操与刘备青梅煮酒，遥指天边龙挂，曾云：“龙能大能小，能升能隐；大则兴云吐雾，小则隐介藏形；升则飞腾于宇宙之间，隐则潜伏于波涛之内。方今春深，龙乘时变化，犹人得志而纵横四海。龙之为物，可比世之英雄。”其实，这其中便蕴含着鲲鹏沉潜高飞之道。

放眼古今中外，有很多沉潜蓄势、厚积薄发的故事。很多人在经历了一次又一次的挫折之后，披荆斩棘，终于闯出了自己的一片天地。用道家的智慧来解释，就是人要先学会沉潜，才能最终腾起，明朝开国皇帝朱元璋便是深谙此道之人。

元末农民战争风起云涌，在几路起义军和较大的诸侯割据势力中，除四川明玉珍、浙东方国珍外，其余的领袖皆已称王、称帝。最早的徐寿辉，在彭莹玉等人的拥立下，于元至正十一年（公元 1351 年）称帝，国号天完。张士诚于元至正十三年（公元 1353 年）自称诚王，国号大周。

刘福通因韩山童被害，韩林儿下落不明之故，起兵数年未立“天子”，至元至正二十年（公元 1360 年）徐寿辉被部下陈友谅所杀，陈友谅自立为帝，国号大汉。四川明玉珍闻讯，也自立为陇蜀王，一时间，九州岛大地，“王”、“帝”俯拾皆是。

此时只有朱元璋依然十分冷静，他明白要想最终夺得天下，目前掩藏锋芒、暂时沉潜，是最好的选择。所以，他坚定地采纳了“缓称王”的建议。朱元璋成为一路起义军的领袖，始终不为“王”、“帝”名号所动，直到元至正二十四年（公元 1364 年）才称吴王。至于称帝，那已是元至正二十八年（公元 1368 年）的事情了。此时，天下局势已明朗，也就是说，朱元璋即便不称帝，也快是事实上的“帝”了。

与其他各路起义军迫不及待地称王的做法相比较，朱元璋的“缓称王”战略不可谓不高明。“缓称王”的根本目的，乃在于最大限度地减少己方独立反元的政治色彩，从而最大限度地降低元朝对自己的关注程度，避免或大大减少了过早与元军主力及强劲诸侯军队决战的可能。这样，朱元璋就更有可能保存实力、积蓄力量，从而求得稳步发展了。以暂时的沉潜换取最终的成功，这正是朱元璋的过人之处。

所以，做人要使自己立于不败之地，就要根据外界形势的变化，灵活地保存实力，关键时刻再出手以赢得胜利。当我们面前困难重重，出头之日遥不可及时，何不学学朱元璋，暂时沉潜绝非沉沦，而是自强。

如果我们在困境中也能沉下气来，不被困境吓倒；在喧嚣中也能沉下心来，不被浮华迷惑，专心致志积聚力量，并抓住恰当的机会反弹向上，毫无疑问，我们就能成功。反之，总是随波浮沉，或者怨天尤人，注定就会被命运的风浪玩弄于股掌之间，直至精疲力竭。甘于沉下去，才可浮出来。

人生需要慢慢积淀，一个人想要最终获得一个圆满、成功、幸福的人生，

一定需要一个成功势能积累的过程。成功绝不是一蹴而就的，只有静下心来日积月累地积蓄力量，“博观而约取”，才能够“厚积而薄发”，从最低处获得成功。

毋纳不义之财，毋走不正之道

五色令人目盲，五音令人耳聋，五味令人口爽，驰骋田猎令人心发狂，难得之货令人行妨。是以圣人为腹不为目，故去彼取此。

——《道德经》

缤纷的色彩使人眼花缭乱，嘈杂的声音使人听觉失灵，浓厚的杂味使人味觉受伤，纵情猎掠使人心思放荡发狂，稀有的物品使人行为不轨。所以，明智的人应该满足于基本的维持生存的事物，在感官的享乐和诱惑前止步，以免坠入欲望的圈套。

善于用物可以，但绝不可被物所用。但凡不是自己应得的，不论是万贯钱财还是蝇头小利都不能贪图，否则就会在与现实外物的博弈中落下风。

清代康熙年间，北京延寿寺街上书铺的店堂里，一个书生站在离账台不远的书架边看书。当账台前一位顾客付账时，不小心掉落了一枚铜钱。书生迅速地环顾了一下四周，把铜钱踩在了脚底，待那位顾客离开后，他把铜钱捡起来放进了自己的衣袋。

这一幕凑巧被店堂里的一位老翁看见。后来他走到书生旁边，与书生攀谈。书生告诉老翁自己叫范晓杰，父亲在国子监任助教，他本人在国子监已经读书多年。老翁和范晓杰聊了一会儿，就离开了书铺。

后来，范晓杰走上仕途，被选派到江苏常熟任县尉官职。他水陆兼程南下上任。到南京的第二天，先去上级衙门江宁府投帖，请求谒见上司。江苏巡抚收了他的名帖，却一直没有接见他。范晓杰在驿馆一等就等了十来天。

半月之后，他没见到巡抚，却等来了自己已被“革职”的消息，罪名是“贪钱”。

范晓杰大吃一惊，辩解说自己尚未到任，又怎会有贪污之举。他在江苏巡抚的衙门前不肯离去，护卫只好去向巡抚大人禀告。不久之后，护卫出来通传巡抚的原话：“范晓杰，你可还记得在延寿寺书铺捡到的那一枚铜钱？”

范晓杰顿时呆若木鸡。原来，当年他在书铺里遇到的那位老翁，正是私巡察访的巡抚大人汤斌。

因为一枚铜钱而断送了前途，这个范晓杰大概是乌纱帽丢得最糊涂的官员之一。不论钱财多少、利益大小，只要不是自己分内应得的福分，就不该碰也碰不得。不贪为宝，不应只是嘴巴上一句美言而已，更应成为人格与操守的一部分。无论人前人后，面对从天而降的横财，即便只是一个铜钱，也不应有贪恋之心，千万不要因身外之物而丢弃珍贵的操守。

声色货利是最能诱惑人、困住人的魔障。财富名利以及口腹之欲，常常让人们任性自欺而上当受骗，许多人都心甘情愿地跳入陷阱而不自知。这种时候，最忌短视，把目光放得长远，才不会因为一时得失葬送整个人生。

明朝开国皇帝朱元璋曾给他手下的人算过一笔账：老老实实地当官，守着自己的俸禄过日子，就好像守着“一口井”，井水虽不满，但可天天汲取，用之不尽。这笔账算得颇有哲理，守住自己的“井”，不要觊觎不属于自己的东西。

“受大而不苟取，力裕而不求逞，致远之才也。”这是岳飞对千里马的称赞，在他看来：千里马食量大而不苟取，拒食不精不洁之物，力量充裕而不逞一时之能，称得上负重致远之才。人亦是如此，不义之财毋纳，不正之道毋走，才能肩负重任。

抓住症结， 对症下药

依乎天理，批大郤，导大窾，因其固然，技经肯綮之未尝，而况大軱乎！

——《庄子》

【智慧品读】

刘邦平定天下以后，开始论功封赏功臣。他向大臣们说："运筹帷幄之中，决胜千里之外，这是张良的功劳，应封三万户。"

张良连忙起身拜谢："臣开始逃亡下邳，有幸与陛下相会，这是上天让臣跟随陛下。陛下用臣的计策，幸而时中。臣愿封留地足矣，不敢当三万户。"

刘邦对张良的辞让很满意，就封他为留侯。接着又封赏了二十多位有功之臣。这时，其他的文臣武将日夜争功不停，弄得刘邦心烦意乱，寝食难安。

一天，刘邦在洛阳南宫从阁道望见几位将领坐在沙中窃窃私语，觉得奇怪，就问张良："他们说什么？"

张良不安地说："陛下难道不明白？他们在商量谋反的事呀！"

刘邦大惊失色："天下刚刚安定，为什么要谋反？"

张良提醒刘邦道："陛下起于布衣，是依靠这些武将取得天下。现在您是天子，所封的侯爵全是像萧何、曹参那样的同乡、故人和您所喜欢的，而您诛杀的尽是平生所愤恨的仇人。现今军吏计功，有功的不能普遍受封，许多人担心得不到封赏，又害怕您抓住他们的过失而诛杀他们，所以他们才打算铤而走险，聚众谋反……"

刘邦愁容满面，如坐针毡："这……如何是好？"

张良说："陛下不要担心，臣已经有了办法。"

"快说给朕听！"刘邦急不可耐。

"陛下平生最憎恨的而又是群臣所共知的人是谁？"

“当然是雍齿这个人。雍齿与我有旧仇，他污辱过我，只是因为他功劳大，朕才不忍杀他，这事群臣都知道……”

刘邦不假思索地告诉张良。

张良站起身，胸有成竹地说：“陛下，谋划就在此人身上！立即封赏雍齿，给群臣诸将摆个样子。像雍齿这样的仇人，陛下都能不计前怨，为他封功晋爵，别人还会有什么顾虑呢？他们必会心平气和，解除疑虑了！”

刘邦立即下令设置酒宴，召集文武百官，当众宣布命令，封雍齿为什方侯，接着又催促丞相、御史定功行封。

酒宴散后，大臣、将军欢天喜地，奔走相告：“雍齿都能封侯，我等还担心什么呢！”

抓住网纲撒网，网眼自然张开；抓住了树的根，枝叶自然会跟从。做事情一定要先抓主要矛盾，主要矛盾解决了，其他小矛盾便迎刃而解，这就是纲举目张。

张良让刘邦封雍齿而安定众将之心，实际上这条计策并没有什么出奇的地方，但为什么达到了“制胜”的效果呢？其原因就是张良太了解众将官的所思所想了，能够抓住症结，对症下药。雍齿是刘邦平时最憎恨的人，这样的人受封当然最有说服力。所以，雍齿被封侯后，众将心里的顾忌也就没有了。

在关键的地方下工夫，这才是解决问题的方法。每一个人在思考问题的时候，要从问题本身出发，抓住关键，拨开重重迷雾，一切问题自然也就迎刃而解了。庖丁解牛的故事可以给人们一些启示。

庖丁是《庄子·养生主》中提到的一位技艺高超的厨师，他解牛的技术已经达到道的境界。庄子这样描述庖丁解牛的技艺：“依乎天理，批大郤，导大窾，因其固然，技经肯綮之未尝，而况大軱乎。”意思是庖丁根据牛的生理结构，刀下去经过的地方，顺着经脉的运行、肌肉的纹理，把大关节的地方解开了，就把一头牛自然解脱开了，更别说细节之处。

小到杀一头牛的方法，大到做人、做事，道理都是一样。不管你做什么，无论你是领导他人还是被人领导，只要在关键的地方下工夫，把要点的地方解开了，枝节的地方自然迎刃而解，事情也就好办多了。

在解决一个问题时，不要被问题的表面现象所迷惑，要找到问题的关键所在。只有抓住问题的关键，才能从根本上解决问题。技经肯綮，才是做事事半功倍的诀窍所在。

第五章

宠辱不惊， 放下执念是淡然处世的态度

积极入世， 恬淡出世

居庙堂之高则忧其民，处江湖之远则忧其君。

——《岳阳楼记》

【智慧品读】

诸葛亮是我们熟知的三国名相，他在战乱流离中度过少年时代，年轻时兢兢业业、努力求索才在成年时购置襄阳城西的隆中的一片田产，自此过着“躬耕垄亩”的生活。但是这并不能掩盖他内心的抱负和闪光的才华，他虽隐居躬耕，却名扬在外，所以人称“卧龙先生”。

他虽然身居隆中，却胸怀国家。刘备在新野时，徐庶向他推荐诸葛亮，说：“诸葛孔明是人中之龙，如果有他为您出谋划策，大计定成。但是要劝得此人出仕，一定要主公亲自屈驾迎请才可以。”刘备求贤若渴，当下答应下来。

于是历史上便有了刘备三顾茅庐的佳话。刘备得与诸葛亮相见后就在诸葛亮的茅屋里请教起天下大计。刘备说：“汉室倾危，佞臣当道，我自不量力，欲申大义于天下，却因智术短浅，无所成就，但是我并不因此失志。冒昧请问先生天下可有使我完成宿愿的大计?”诸葛亮被刘备的真诚感动，不仅对天下的形势进行了细致的分析，还为刘备指出了成就大业的长远大计。理路之清楚，建议之中肯，让刘备三兄弟五体投地。

后来，刘备对关羽、张飞说：“我之得孔明，犹鱼得水。”诸葛亮也凭借刘备的知遇之恩，施展了自己的抱负，成就了千古名相的传奇。

在对待人生的问题上，孔明一方面恬淡出世，品味林泉真趣。另一方面又抓住机会积极入世，实现理想抱负。他的一生是出世和入世的完美融合。

而当一个人已经身在世中，却急功近利、不择手段，那么他的人生就会像荡秋千一样，无论荡多高终会静止于原点。

党仁弘原是隋朝末年的一名武将，李渊太原起兵后，他率两千人马归顺高祖，是唐朝著名的开国元勋之一。他办事干练，很有才略，四方征战，立下了汗马功劳。然而，他在晚年任广州都督时，却变得十分贪婪，贪赃枉法。最后经人检举，查获他赃款百余万，罪当处死。李世民看党仁弘操劳一生，又是开国老臣，不忍杀他，便免其死刑，贬为普通百姓，流放钦州。

党仁弘晚节不保，险遭斩杀，是因为他在高位上缺少淡泊林泉的志趣所致。他只要多些俭朴，少些贪婪，就不致身败名裂了。而今的时代，我们已经不再纠结于入世和出世之间的选择，但是这并不意味着，现代人已经丢弃了二者融合的精神实质。

出世可以作为一种处事心态，在今天可以等同于理智、淡泊、镇定等美好品质，当一个人以这样的心态去工作时，就不会因为急功近利而迷失前进的方向，即使施展抱负、追逐梦想的过程很漫长，也能持之以恒，垂钓机遇。

与此相对，入世可以作为一种处事方式，既然确定了自己的梦想，选择了某份工作，就不竭余力地把它做到最好，并始终保持积极上进的心，冷静地处理过程中遇到的问题，而不是轻言放弃。另外，一个生而普通的人，如果有积极入世的打算，却没有远大的目标和抱负，就会随波逐流，终生逃不出碌碌无为的人生轮回。

“居庙堂之高则忧其民，处江湖之远则忧其君”。淡泊让我们从容淡定，积极让我们矢志不渝，而抱负让我们赢在起跑线上。要想铸就不一样的人生，三者缺一不可。

卸下面具，以诚待人

钓名之人，无贤士焉。

——《管子》

【智慧品读】

《管子·法法》中说“钓名之人，无贤士焉”，《后汉书·逸民传序》则说“彼虽硁硁有类沽名者。”所谓沽者，买也；钓者，用饵引鱼上钩，意思是说，某些人表面上是贤士，实际上是以贤士的身份为诱饵，来为自己谋取功名，这样的人徒有虚名罢了。

在我国古代，很多贤者都通过放情山水来表达自己不慕名利的淡泊情怀，这里面有真贤士，也有假名士。其中，卢藏用是假名士的典型代表。

唐代的时候，有位叫司马承祯的人，在都城长安南边的终南山里，住了几十年。他替自己起了个别号叫白云，表示自己要像白云一样高尚和纯洁。唐玄宗知道了，要请他出来做官，被他谢绝了。于是，唐玄宗替他盖了一座讲究的房子，叫他住在里面抄写校正《老子》这本书。后来他完成了这项任务，到长安会见唐玄宗，见过玄宗，他正打算仍然回终南山去，偏巧碰见了也曾在终南山隐居，后来做了官的卢藏用。

司马承祯与卢藏用说了几句话，后者抬起手来指着南面的终南山，并开玩笑地对他说：“这里面确实有无穷的乐趣呀！”原来卢藏用早年求官不成，便故意跑到终南山去隐居。终南山靠近国都长安，在那里隐居，容易让皇帝知道并请出来做官。不久，卢藏用果然达到目的。司马承祯想对他的这种行为讽刺一下，便应声说：“不错，照我看来，那里确实是做官的‘捷径’啊！”

卢藏用与司马承祯二者稍作比较，高下立见。由二人身上可以看出，大部分欲寻求“终南捷径”者都是沽名钓誉的人。他们表面上畅谈山林的乐趣，对名利嗤之以鼻，实质上却在内心深处和自己唱着反调。

这些人有的确实能钓到“大鱼”，最终却躲不过暴露和遭殃的结局。而且，世界上虽然能容沽名钓誉者一时，却难以容他一世。

春秋时期有一个叫子西的人，做事总是很重名誉，甚至于常常用不正当的手段取得名誉。孔子对弟子们说：“谁能够去劝导一下子西，使他不再沽名钓誉?”

弟子子贡说：“我能劝他。”

于是，子贡就去劝说子西，子西却不以为然。

孔子说：“不被功利所左右，才能胸怀宽广；保持本性而不动摇，才能保持住纯洁的品行。内心不正直，做事也就不能正直；内心正直，做事才能正直。子西恐怕还是难以避免灾祸。”

事实果如孔子所预言，后来子西发动叛乱，结果被杀，落得个惨淡收场。

俗话说“多行不义必自毙”，子西的虚伪无疑是搬起石头砸自己的脚。对于我们来说，无论是为官、为人、治学还是日常的人际交往，实际上都无“终南捷径”可走，而且那些跳过“诚”觅求的捷径，往往是死胡同。

人生如戏，戏如人生。现实生活中，很多人早已自觉或不自觉地将自己置于演员的角色之中，就像席慕蓉的《戏子》中所说：“在涂满油彩的面容之下，我有的是一颗戏子的心”。

在迫不得已的情况下掩饰真实的自己，这本无可厚非，但时间长了，恐怕就再也回不去表里如一的样子了。时间不光是在流逝，也在带走虚而不实的东西，若是沽名钓誉，仅以虚伪来蒙蔽世人的眼睛，就会很快被人揭穿，落下骂名无可避免。

所以，为免遭到万人唾骂，做人还是心口如一比较好，具体说来就是，与人交往多些诚心，少些虚伪；工作时多些踏实，少些圆滑；生活中，以真心待人待己。只有卸下面具，我们的人生才会在阳光下呼吸。

放下执念，　伺机而退

功成、名遂、身退，天之道。

——《道德经》

【智慧品读】

超凡入圣在智者看来很简单：放得下功名富贵，也不汲汲于道德仁义，就可以达到。归结到一点就是对于自己所追求的东西不刻意，就会收到无心插柳柳成荫的意外惊喜。

《红楼梦》中，跛足道人唱道："世人都晓神仙好，唯有功名忘不了！古今将相在何方？荒冢一堆草没了。世人都晓神仙好，只有金银忘不了！终朝只恨聚无多，及到多时眼闭了。"换句话说就是：只有"了"了，才能"好"，关键在于"了"字。

生活中很多事，只有放下了背负，才能空出手来抓取属于我们的财富。很多能在官场上全身而退的人的高明之处，就在于他们懂得放下。

李春芳是明朝的进士，由于写得一手好文章而受到皇上的青睐，不断被皇上升官，成为红极一时的大臣。但是李春芳深知当朝皇上的喜怒无常，陪伴在他身边，迟早有一天会惹祸上身。所以他打定主意，在朝廷议政的时候，既不过激，也不落伍，而是保持适当的态度。

后来，朝廷中的争权夺利越来越严重了，李春芳乘机提出了告老还乡，得到了皇上的批准。就在李春芳回乡一年以后，朝廷因为政治斗争而发生了重大变故，当年一起做官的人，死的死，逃的逃，只有李春芳在家中颐养天年，与父母妻小共享天伦之乐。

当有人问李春芳为何甘愿隐退的时候，他说："官场之中，如果不懂得在运势最佳时选择隐退，终会有一日不可全身而退的。"

言外之意，只有放下才是最好的选择和出路。李春芳和其他人的不同结局的对比，很鲜明地彰显了功成身退、适时放下的重要性。历史上许多有建树的人都曾做出过类似李春芳这样的决定，他们有的择主而仕，有的功成身退，还有的退而归隐。他们并不是不求名利，只是懂得掐算时机、揣摩别人的心思，不贪恋来之不易的名利罢了。

这看似一种放弃，实则是一种很有远见的明智之举。然而历史上因为不明白这个道理而不知退最后命丧黄泉的，大有人在。

韩信在刘邦打天下的过程中，立功最多，功不可没，被刘邦封为齐王。然而树大招风，处于事业巅峰的韩信被人诬告有谋反之心。实际上刘邦对位高权重的韩信早有戒心，正好借此机会解除心中的疑虑，于是下令将韩信逮捕压入大牢。

韩信说："狡兔死，走狗烹；飞鸟尽，良弓藏。"刘邦命人将他押送到京城，贬为淮阴侯。十年后，韩信被刘邦问斩。

韩信的悲剧由多重因素造成，其中有一点最为致命，即把功名富贵看得太重。如果他懂得"功成、名遂、身退，天之道"的道理，也许会有不一样的人生轨迹。

在生活中也是这样的。

我们同在人生的单行道上，尝试着放下心中的急切和过高的期望，就会看淡外物的得失，审慎对待各种选择，从而在更为广阔的天空下，去迎接永恒的幸福。

不贪权位，毅然舍利

寄蜉蝣于天地，渺沧海之一粟。哀吾生之须臾，羡长江之无穷。

——《前赤壁赋》

【智慧品读】

郭德成是元末明初人，他性格豁达，十分机敏，且特别喜欢喝酒。在元末动乱的年代里，他和哥哥郭兴一起随朱元璋转战沙场，立下了不少战功。

朱元璋做了明朝开国皇帝后，当初追随他打天下的将领纷纷加官晋爵，

待遇优厚，成为朝中达官贵人。郭德成却仅仅做了一个普通的官。

一次，朱元璋召见郭德成，说道："德成啊，你的功劳不小，我给你个大官做吧。"

郭德成连忙推辞说："感谢皇上对我的厚爱，但是我脑袋瓜不灵，整天不问政事，只知道喝酒，一旦做大官，那不是害了国家又害了自己吗?"

朱元璋见他坚辞不受，内心十分赞叹，于是将大量好酒和钱财赏给郭德成，还经常邀请郭德成到御花园喝酒。

一次，郭德成兴冲冲地赶到御花园陪朱元璋喝酒。眼见花园内景色优美，桌上美酒芳香四溢，他忍不住酒性大发，连声说道："好酒，好酒!"随即陪朱元璋痛饮起来。

杯来盏去，渐渐地，郭德成脸色发红，但他依然一杯接一杯喝个不停。眼看时间不早，郭德成烂醉如泥，踉踉跄跄地走到朱元璋面前，弯下身子，低头辞谢，结结巴巴地说道："谢谢皇上赏酒!"

朱元璋见他醉态十足，衣冠不整，头发零乱，笑道："看你头发披散，语无伦次，真是个醉鬼疯汉。"

郭德成摸了摸散乱的头发，脱口而出："皇上，我最恨这乱糟糟的头发，要是剃成光头，那才痛快呢。"

朱元璋一听此话，脸涨得通红，心想，这小子怎么敢这样大胆地侮辱自己。他正想发怒，看见郭德成仍然傻乎乎地说着，便沉默下来，转而一想：也许是郭德成酒后失言，不妨冷静观察，以后再整治他不迟。想到这里，朱元璋虽然闷闷不乐，还是高抬贵手，让郭德成回了家。

郭德成酒醉醒来，一想到自己在皇上面前失言，恐惧万分，冷汗直流。原来，朱元璋少时曾在皇觉寺做和尚，最忌讳的就是"光"、"僧"等字眼。因此字眼获罪的大有人在。郭德成怎么也想不到，自己这样糊涂，这样大胆，竟然戳了皇上的痛处。

郭德成知道朱元璋不会轻易放过自己，以后难免有杀身之祸。他仔细地想着脱身之法：向皇上解释，不行，更会增加皇上的忌恨；不解释，自己已经铸成大错。难道真的要为这事赔上身家性命不成?郭德成左右为难，苦苦地为保全自身寻找妙计。

过了几天，郭德成继续喝酒，狂放不羁。后来，他进寺庙剃光了头，真的做了和尚，整日身披袈裟，念着佛经。

朱元璋看见郭德成真做了和尚，心中的疑虑、忌恨全消，还向自己的妃子赞叹说：“德成真是个奇男子，原先我以为他讨厌头发是假，想不到真是个醉鬼和尚。”说完，哈哈大笑起来。

后来，朱元璋猜忌有功之臣，原来的许多大将纷纷被他找借口杀掉了，而郭德成竟保全了性命。

郭德成的聪明之处在于他能够不贪恋权位、及时退避，最终在朱元璋的铁腕之下保住了性命。

俗话说，“人往高处走，水往低处流。”人们追逐功名原本无可厚非，但若为功名所累就得不偿失了。有一些人一旦功名在手就再也舍不得放弃了，甚至还想“百尺竿头，更进一步”。可惜多走一步就是从“竿头”摔下，顷刻间摔得粉身碎骨。

古人讲，“寄蜉蝣于天地，渺沧海之一粟。哀吾生之须臾，羡长江之无穷”。山川大地与广袤的宇宙空间相比，只是微尘一粒，人们对于无限的空间、时间来讲，也只是像微尘般渺小，泡影般短暂。功名利禄这些外在的事物，岂不是更为短暂和渺小，人们又何必那么在乎呢？

不妄求则心安，不妄做则身安

无思也，无为也，寂然不动，感而遂通天下之故。

——《易经》

【智慧品读】

成功人士的成就是偏居一隅的坚守，不和世俗决裂，却永远不对世俗趋之若鹜。圣人的智慧是一种超脱，善于固守虚静，万物便不足以扰乱他们的心智。我们每个人都向往前者的辉煌，后者的豁达，然而逍遥的境界需要敢于和世俗物欲保持安全距离，我们却常常抵不住钱财和权势的诱惑。抛弃名利的心头枷锁，心才能无牵念，行为才能不受羁绊，这样我们的思想才能得

到自由。

《易经》中说："无思也，无为也，寂然不动，感而遂通天下之故。"不妄想妄为，我们就会获得心灵的虚静豁然，感悟通灵的精神境界，从而活出生命的别样风采。在中国古代文化史上，我们常提到老庄无为、魏晋风骨，就是这种精神境界和生活方式的体现。说到性灵潇洒、人生至玄，阮籍是我们不得不提的一个人物。

阮籍，三国魏时著名诗人，字嗣宗，陈留尉氏人，曾任步兵校尉，世称阮步兵，著作有《咏怀诗》八十二首等。在天下多变的魏晋禅代之际，他既是文坛巨擘，也是竹林七贤之一。但是他不满昏庸无道的曹魏集团，又不愿攀附晋司马氏，行迹颇多狂逸。

阮母去世，中书令裴楷前去吊唁，见阮籍饮酒常至大醉，衣冠不整，伸开两腿坐在床上，毫无哭泣之意。裴楷便痛哭了一阵，不告而别。后来有人问裴楷："大凡吊唁，主人哭后，客人才行礼，这是人所共知的礼俗。阮籍既然不哭，您为何要痛哭流涕呢？"裴楷说："阮籍超脱世俗，可以不尊崇礼制。而我们这种世俗中人，必须遵守礼制。"

为母亲服丧时，阮籍在晋文王司马昭席上仍然饮酒吃肉。同在酒宴上的司隶校尉何曾就对司马昭说："您正要以孝道治理天下，阮籍服丧却公然在您的宴席上喝酒吃肉，应该把他流放到荒漠之地。"司马昭说："我们除了担忧嗣宗如此哀伤劳累，还能说什么呢？再说有苦痛而饮酒食肉，本来就不违丧礼。"此时，阮籍仍然吃喝不停，神色自若。

阮籍的邻家有一个美丽少妇，平日在酒垆旁卖酒。阮籍和王戎常在她家饮酒，有时醉了，就睡在少妇身旁。少妇的丈夫产生了疑心。但仔细观察，发现阮籍也没有别的意图。

阮籍虽狂放不羁，但处事非常谨慎，他常以奥晦深远的言辞与别人交谈，也从不对他人妄加评判。阮籍的"贤"不止于满腹经纶，还在于他能摆脱俗尘之累，卓尔不群。因为不计较世俗得失，他获得了心灵的极大自由；因为不受教条规矩的桎梏，他活出了魏晋的潇洒风骨。正因为这样，他才能守住心灵虚静之地，在纷扰世事中自得其乐。

其实，世间万事万物都归于一个"淡"字，清淡明志，雅淡抒节，把荣誉、身世、财权、生死看得淡些轻些，我们就不会被外物束缚，从而达到精神超脱的境界。生活中，做人做事并不一定都要谋个成就、地位或者名利，对它们过于牵挂，反而会成为我们生活的累赘。

所以工作也好、学习也好，先把自己投身到享受它们带来的充实中，然后再想回报或者酬劳，也许我们会忙碌，但忙碌也会很从容。

贪念莫生， 自制奉行

不怕念起，只怕觉迟。

——佛语

【智慧品读】

世界上的很多事，往往是一念之间的事，转念可以让人迷途知返，也可以让人一失足成千古恨。佛语说，不怕念起，就怕觉迟。其中的关键在于一个人能否在福祸转变之时、生死转变之机，掌控自己的思维和欲念。那些能够避免事态严重的人，往往是懂得将不良的苗头扼杀在萌芽状态的人，儒家所说的“穷理于事物始生之际，研机于心意初动之时”就是这个道理。

当心中的邪念浮起时，及时认识到这种邪念有可能将人引向不归之路，便把意念拉回正路上去，便可以避免犯错。要在坏的念头一产生时就立刻有所警觉，有所警觉就立刻设法来挽救，这是转灾祸为幸福、变死亡为生机的重要关头，绝不要轻易错过机会。因此，一个人要时时警惕，切不可中了邪念的圈套。

南宋宁宗嘉泰年间，有一个叫陈仲微的人在莆田做县令，管理县上的事。

有一天，陈仲微寻访时被一个人半路拦下。那个人走上前来，对陈仲微说了很多阿谀谄媚的话，意思是说，以后大家难免有用得着的地方，让陈仲微多多包涵关照自己。说完秘密地将一封书信和一包银子塞在了陈仲微的手中。陈仲微面不改色，从容接受。回家后将信和钱原封不动地收起来。自此之后，仍然公私分明地办事。

这样过了大概一年之久，这个人欠了县上的租税，遂派人到县府上打点，

并隐晦地暗示陈仲微："你应该给予通融，因为你已经收了我的贿赂。"

然而出乎此人意料的是，陈仲微毫不留情地逮捕了前来打点的这个家奴，并按当时的律法，对这个人逃避租税的行为做了处理。这个人知道后十分气愤，决定倒打一耙。这个人找陈仲微，并责怪他不讲情义，还说他为官贪财，收受贿赂。

只见陈仲微命人到自己的书房取来一个盒子，交给这个人。原来里面装的是当年这个人给他的书信和钱财。这个人看到东西原封不动地出现在自己的面前，无言以对，连连向陈仲微谢罪。这件事之后，陈仲微清正廉洁的品格倍加为人称道。

陈仲微拒贿是明智的。如果他当时接受了那份贿赂，满足一时的欲念，就有可能接下第二份贿赂，第三份贿赂……最终走上欲念无尽的不归之路。

生活中，一念之差，常常会成为生死关头的转折点。但一念铸就并不是一时一刻之功，而是长期积累形成的思维惯性的作用，因为起步时就不注意，"欲路"上的念头越来越重，妄念的惯性越来越大，以至于想停止时都难以及时刹车。

为了尽量减少这种状况，我们就要"穷理于事物始生之际，研机于心意初动之时"。用自省、自制的惯性代替妄念的惯性，在妄念产生的最初时刻，就防患于未然。欲念的转换既可以让人进入天堂，也可以拉人进入地狱，关键是我们不要轻易放过事态无法收拾之前的种种自制、反省和改过的机会。

怀盈满之戒，　求圆满之心

尉缭见始皇意气盈满，纷更不休，私叹曰："秦虽得天下，而元气衰矣！其能永乎？"

——《东周列国志》

当一个人得意时，便会忽视心中的秤杆，失去对善恶的评判力，然后可

能在人生渐入低谷时受到恶的报应。因此，我们在为人处事时一定要有长远的眼光和当止则止的心态。

对理智、高明的人来说，即使前面有很多自己想要但没有得到的东西，他们仍然会仔细斟酌自己的情况，经过深思熟虑之后才去安排行程。而且，不管别人给他施加多少压力，或者前方有多少诱惑，他都不急不躁，沿着既定的路线缓缓而行。

以前，有一对兄弟，他们自幼失去了父母，相依为命，家境十分贫寒。他们俩终日以打柴为生，生活十分辛苦。即便这样，兄弟俩从来没有抱怨过，他们起早贪黑，一天到晚忙得不亦乐乎。而且，哥哥照顾弟弟，弟弟心疼哥哥，生活虽然艰苦，但过得还算舒心。

观世音菩萨得知了他们二人的情况，为他们的亲情所感动，决心下界去帮他们一把。清晨时分，菩萨来到了兄弟俩的梦中，对他们说：“远方有一座太阳山，山上撒满了光灿灿的金子，你们可以前去拾取。不过路途非常艰险，你们可要小心！并且，太阳山温度很高，你们一定要在太阳出来之前下山，否则，就会被烧死在上边。”说完，菩萨就不见了。

兄弟二人从睡梦中醒来，非常兴奋。他们商量了一下，便起程去了太阳山。一路上，他们不但遇到了毒蛇猛兽、豺狼虎豹，而且天空中狂风大作、电闪雷鸣。兄弟俩咬紧牙关，团结一致，最终战胜了各种艰难险阻，历经千辛万苦，终于来到了太阳山。

兄弟俩一看，漫山遍野都是黄金，金光灿灿的，照得人睁不开眼。弟弟一脸兴奋，望着这些黄金不住地笑，而哥哥却只是淡淡的。

哥哥从山上捡了一块黄金，装在口袋里，下山去了。弟弟捡了一块又一块，就是不肯罢手。不一会儿，整个袋子都装满了，弟弟还是不肯住手。此时，太阳快出来了，可是弟弟却仍在不住地捡。

一会儿，太阳真的出来了，山上的温度也在渐渐地升高。这时，弟弟才慌了神，急忙背着黄金往回跑，无奈金子太重，压得他步履不稳，根本就跑不快。太阳越升越高，弟弟终于倒了下去，被烧死在了太阳山上。

哥哥回家后，用捡到的那块金子当本钱，做起了生意，后来成了远近闻名的大富翁。可弟弟却永远留在了太阳山。

同样贫穷的两兄弟，一个因为贪多而失去了生命；一个却因为适时停止，拿到了富有的本钱。对于自己想拥有的东西，应该抱着一种不贪的心态，一

味贪多，只会让自己疲惫不堪、得不偿失。

其实只有让我们的心灵缓缓地被注满，幸福才能像泉水一样源源不断。就像宗教或哲学里所谓的“圆满自足”，适可而止才能充分地活在快乐的满足中。知足常乐的处世心态是值得我们每个人学习的。一个人要平淡地看待物质的享受，得之无喜色，失之无悔色。什么都想得到的人，一味贪多，甚至以牺牲健康和道德为代价，结果可能什么都得不到，甚至连已经拥有的也会失去。

《东周列国志》记载，尉缭看秦始皇骄傲自满，纷争不休，私下里感叹道：“秦始皇虽然得到了天下，但是元气已经衰败了，怎么可能长久呢?”历史的结局也如他所预料。

以史为镜，我们应该怀盈满之戒，不要把自己完全地投注到追求“盈满”之中，工作之余找些娱乐和消遣，放松一下紧张的情绪和身体，更不要让自己为了得到更多，而心怀侥幸、逾越道德的围栏。这就像深入糖罐抓取糖果一样，如果手中抓得太多，心中要的太多，就会被卡住。

事能知足心常泰

得陇望蜀，人之常情。

——吟梅山人《兰花梦奇传》

生活之中有很多美好的东西，得陇望蜀这样的欲望也是人之常情，只是有些时候人们只顾着流连于名利、欲望之间，埋头赶路，而忘记欣赏生命中的美好了。人生是美好的，活着本身就是一种莫大的幸福，可以闻淡淡的花香，听悦耳的鸟鸣，沐浴在温暖的阳光里。这种幸福，人们怎能漠视，怎能不去好好珍惜呢?

然而欲望却是生命的大敌，“人为财死，鸟为食亡”是自古以来的忠告。

生活中的诱惑很多，人们的欲望也很多，但如果迷失于欲望之海中，无异于自掘坟墓。真正热爱生活、珍惜生命的人，往往能够看淡名利、欲望，参透生死，洒脱地享受生活。

有位青年，厌倦了生活的平淡，感到无聊和痛苦，为寻求刺激参加了挑战极限的活动。活动规则是：一个人待在山洞里，无光无火亦无粮，每天只供应5斤水，时间为整整5个昼夜。

第一天，青年颇觉刺激。

第二天，饥饿、孤独、恐惧一齐袭来，四周漆黑一片，听不到任何声响，于是他有点怀念起平日里的无忧无虑来。他想起乡下的老母亲不远千里地赶来，只为送一坛韭菜花酱以及小孩子的一双虎头鞋。他想起了终日相伴的妻子在寒夜里为自己掖好被子。他想起了宝贝儿子为自己端的第一杯水。他甚至想起了与他发生争执的同事曾经给自己买过的一份工作餐……渐渐地，他后悔起平日里对生活的态度来：懒懒散散，敷衍了事，冷漠虚伪，无所作为。

到了第三天，他几乎要饿昏过去。可是一想到人世间的种种美好，便坚持了下来。第四天、第五天，他仍然在饥饿、孤独和极大的恐惧中反思过去，向往未来。

他责骂自己竟然忘记了母亲的生日，他遗憾在妻子分娩之时未尽照料义务，他后悔听信流言与好友分道扬镳……他这才觉出需要他努力弥补的事情竟是那么多。可是，连他自己也不知道，他能不能挺过最后一关。此时，泪流满面的他发现：洞门开了。阳光照射进来，白云就在眼前，淡淡的花香，悦耳的鸟鸣——他又迎来了一个美好的人间。

青年扶着石壁蹒跚着走出山洞，脸上浮现出了一丝难得的笑容。五天来，他一直用心在说一句话，那就是：活着，就是幸福。

人们常常发觉，一边是死亡的震撼，一边是活着的琐碎，虽然被死亡震撼着，然而转眼间就会被生活的琐碎所淹没。

那么，就不要去在意那名利的纠葛，不要贪图富贵荣华，不要理会欲念的蛊惑，要知道，平安地活着其实就是一种莫大的幸福。故事中的青年，正是厌倦了生活的平淡，一心想要追求刺激，结果经历过死亡的考验与威胁，才明白活着才是幸福，比起生命其他的一切都是妄念。

聪明的人，应该把精力集中于当下，好好把握生命的光景，珍惜眼前的

幸福；而那些名、利、权、势，终究只是过眼的烟云，危险的祸胎，还是能远则远、得避且避的好。

抱朴含真而非追名逐利

子贡曰："贫而无谄，富而无骄，何如？"子曰："可也，未若贫而乐，富而好礼者也。"

——《论语》

【智慧品读】

子贡问："老师，您看一个人如果贫穷，但是能自尊自爱，不向任何人卑贱地拍马屁；一个人很富有，但是他完全不因为他的富有而趾高气扬，您觉得这样的人修养怎样？"

孔子听了以后说了这样的一段话："还不错，但是还没有修炼到家。不如一个人虽然很贫穷但是却能以此为乐，也不及一个人虽然很富有却能够常常学习礼仪，懂得谦恭的好。"

在这里，孔子提倡的是"富而好礼，贫而乐"，但他也说过："贫而无怨，难；富而无骄，易。"其实，无论是贫还是富，都是对人们人格与修养的一种考验。

如果贫穷，你在这里可以学到悲观、厌世、自暴自弃、怨天尤人，也可以学到豁达、通透、激励、勤奋；如果你是一个富人，你在富贵中可以学到骄傲、自大、得意、粗俗，但也可以学到感恩、知足、回报、幸福。

人即便居斗室，如能抛弃凡尘私欲，就不再艳羡雕梁画栋的屋宇。这样的人，心中一片纯真自然，抚琴吹笛好不自在。在这里我们可以想到儒家所说的"君子固穷"。儒家所说的君子，能守住贫穷而没有怨言。

像陶渊明，不为五斗米折腰，辞官自力更生却还不能丰衣足食。有一年重阳节之际，他没有酒喝，当地的官员派人给他送了酒来，他当即痛饮起来，酒酣大睡，之后很惬意地回家去了，这就是君子固穷。君子就算受穷也没有改变信念和气节，这就是一个君子之所以被称为君子的道理。

陶渊明的境界让人心生向往。然而现代人久在樊笼里，追逐名利之心日盛，甚至不少人在利益的追逐中尔虞我诈，原本纯净的心在红尘俗世中日渐蒙尘。

其实，一旦我们回归到世道本真上来，就会发现，人世的繁华与争斗其实都是负累，也是我们不快乐的原因所在。钩心斗角、追名逐利，不如宁静淡泊，抱朴含真，谨守着为人最单纯的本分。所谓“褪尽名心道心生”，我们也可以如陶渊明一般“采菊东篱下，悠然见南山”。

古人云：“达亦不足贵，穷亦不足悲。”当年陶渊明荷锄自种，嵇叔康树下苦修，两位虽为贫寒之士，但他们能于利不趋，于色不近，于失不馁，于得不骄。这样的生活，也不失为极高境界。

亲近自然，享受绿色的安慰

空山新雨后，天气晚来秋。
明月松间照，清泉石上流。
竹喧归浣女，莲动下渔舟。
随意春芳歇，王孙自可留。

——王维《山居秋暝》

下过一场雨之后的山林中，树木显得更加清幽，夜幕降临，秋风习习。皎洁的月光穿过松树间的缝隙透下来，泉石间水流淙淙。竹林间似乎有什么动静，原来是外出洗衣服的姑娘回来了；渔网正从渔船上撒下来，引得莲蓬摇晃着身姿。

春天里的芳菲就随它离去吧，我愿意留在这美妙的自然之中。诗人王维沉浸在这山林美景中，也把我们带进了自然之中，流连忘返。

自然万物的精美奥妙，在于人的感同心知，静观默念，因此，身边林间松涛，石上泉声，如自然环佩叮咚，眼前的水光云影和草际烟色，照样是美妙绝伦的文章。处于这个纷繁的世界，要懂得亲近自然，悠闲自在地享受绿色的安慰。

一对年轻夫妇在繁闹的都市居住。时间一长，觉得生活就像部运转的机器，虽然总是在忙忙碌碌地转着，但太千篇一律了，即使是那些花样繁多的休闲娱乐项目，也像麦当劳、肯德基那些快餐一样，只能满足一时的胃口，过后很少会有余香留下。于是他们决定去乡下放松放松，他们开车南行，到了一处幽静的丘陵地带，看见小山旁有个木屋，木屋前坐着一个独居的隐士。那个年轻的丈夫就问隐士："你住在这样人烟稀少的地方，不觉得孤单吗?"

隐士说："你说孤单？不！绝不孤单！我凝望那边的青山时，青山给我一股力量。我凝望山谷，每一片叶子包藏着生命的秘密。我望着蓝色的天，看见云彩变幻成永恒的城堡。我听到溪水潺潺，好像向我的心灵细诉。我的狗把头靠在我的膝上，从它的眼中我看到忠诚和信任。我休憩的时候，虫鸣鸟啼，为我演奏悦耳的音乐。我读书的时候，花香叶翠，抚平我浮躁的心境；屋后的菜园里种着我最喜欢吃的菜，丰收的时节，我还能在那和松鼠一起摘到最新鲜的水果……这么多同伴，孤独从何而来?"

置身于大自然当中，默默地享受，静静地倾听，心情尤为愉快，哪还有什么孤独、空虚。大自然具有无穷无尽的美，大自然也是人类的知心朋友。在你失意烦躁时，只要你走进自然，欣赏它优美的风景，你的心很快就会轻松起来，并获得无限的美的享受。

处于自然当中的人，就如同风景画中的人物，得以用更宽广的视角看自己，并调整看事情的角度。于是问题似乎变得比较简单，或觉昨天的事不过是幻象罢了。奇妙之事继续发生：我们花越多时间在大自然美景中，就有越多的焦虑消失掉。

融入大自然的怀抱就像走进了一座巨大而精美的、弥漫着优雅和魅力的宫殿。横展在我们面前的大自然，是这样庄严、美丽、可爱。在这里有轻风在驰骋，有泉流在激溅，有鸟儿在鸣啼，风的微吟、雨的低唱、虫的轻叫、水的轻诉，显得那么抑扬顿挫、长短疾徐，再加上夕阳的霞光、花儿的芬芳、高山的宏伟、彩虹的艳丽、空气的清爽，构成了足以让天使陶醉的画面，而置身于其中的我们，又怎能不像喝了醇酒一般呢？

但是，这种美丽和恬静是无法靠金钱来换取的。只有那些与大自然的脉搏一起跳动，心中充满了温情和爱的人们，才能真正地发现它们、欣赏它们，并拥有它们。

静下“躁”心

不徐不疾，得之于手而应于心。

——《庄子》

【智慧品读】

圣人交给他的学生一项任务：牵着一只蜗牛去散步。这个学生接到任务时，觉得很奇怪，但也只得照做。

蜗牛虽然已经在尽力爬，但半天才能挪动那么一丁点儿。学生催促它，吓唬它，责备它，但蜗牛仍然爬得很慢。学生急坏了，便盯着蜗牛看了一会儿，感觉蜗牛仿佛在说：“我已经尽了全力！”

过了一会儿，这个学生又开始拉它、扯它，甚至用脚踢它。蜗牛受了伤，更慢地往前爬。

“真奇怪，为什么圣人要我牵一只蜗牛去散步呢？”这个学生气急败坏地自问。这时他看了看周围，见一个人也没有，便对自己说：“好吧！松手吧！反正圣人又不在，我还管什么？”于是他丢下蜗牛，任它往前爬，他则边走边生闷气。后来，他渐渐地放慢了脚步，静下心来……

然后他闻到了花香，听到鸟鸣，听到虫鸣，看到满天的白云，微风吹来，他不禁感叹：“好美。”这时他想起来：“咦？以前怎么没有这些体会？”他看着仍在往前爬的蜗牛，“也许这就是圣人让我牵着蜗牛散步的理由吧。脚步慢

了，心静了，才能领悟生活之美。”

在忙碌的现代生活中，只有放慢脚步、放空心灵才能找到生活的美，才能在自己的生活体验中发现新的深度。漫步在幽深的小路上，呼吸着清新的空气，透过林荫，怀着一种悠闲的心情细数阳光洒在地上碎石般的条纹，或者闭上眼睛，感受扑面而来的淡淡花香。仰天长望，几朵白云在轻轻地飘；哼一首无名的小曲，默念一首小诗。这些都会让我们充分地感受到生活之美。

一位知名的女作家说过：“品味生活，在于抓住生活的空隙。”一些不经意间发生的事情，往往会带来许多欢乐。生活的意义，正如一杯清茶，谁都能体会到它的清苦，可只有细细品味，才能体会到其中的香醇。

《庄子》告诫我们要不快不慢，从容自然，做事情才能够得心应手。放慢脚步、放空心灵的生活并非让我们放弃自我、无所事事，它与物质的富有程度也没有多大关系，“慢”和“静”更多的是一种健康的心态，一种积极的生活态度。对我们每个人来说，每一天都是当“心静慢人”的好时候，只要我们运用得当，享受“竹篱下，忽闻犬吠鸡鸣，恍似云中世界；芸窗中，雅听蝉吟鸦噪，方知静里乾坤”的惬意、悠然绝不是什么难事，更不是什么坏事。

在生活中，有很多平常忙碌的人在度假的时候病倒；还有些人工作时没事，退休之后反而突发心肌梗死。这是因为，一个人如果长期处于紧张状态，身体就会习惯于这种状态，一旦紧张因素消失，对身体来说便成了反常现象，肾上腺素大量减少，使器官失控，导致各种疾病。生活好像一盏灯，把脚步放慢一些，灯就被点着了，把心沉静下来些，灯光就会更亮些。点亮的灯会照亮生活中原本十分平凡的瞬间。

因此，不妨在生活和工作之间找一个美丽的平衡点，保持有条不紊、有张有弛的生活节奏。在现代社会的快节奏生活中慢下来、静下来，以平和的心态面对生活中的各种压力和诱惑，虽然我们会损失金钱，但这种损失却在我们享受生命的过程中得到了弥补。

走出办公室时，抬头望望天，望见星光的那一刻，我们的生活就是幸福的；一个没有应酬、没有加班的周末，和知心的朋友逛逛街、聊聊天便觉得心满意足；久居于城市的人，偶尔安排一次野外踏青让紧张的心灵放轻松。生活就这样在无意间向我们展开了幸福和满足的微型世界。

第六章

虚怀若谷，质朴真诚是规矩做人的本义

收拾精神， 并归一路

盖兵贵精不贵多，精则有所专注，多则散乱无纪。

——《白雨斋词话》

【智慧品读】

古语云：“学者要收拾精神，并归一路。如修德而留意于事功名誉，必无实诣；读书而寄兴于吟咏风雅，定不深心。”

意思是说：做学问就要集中精神，一心一意致力于研究。如果在修养道德的时候仍不忘记成败与名誉，必定不会有真正的造诣；如果读书的时候只喜欢附庸风雅，吟诗咏文，必定难以深入内心，有所收获。

“精则有所专注”。宋代书法家米芾说，学习书法必须专一于书法，不再有其他爱好分心，方能有成就。与此类似的是，古代善于弹琴的人，也说必须专攻两三支曲子，方能进入精妙的境界。这里说的虽是小事，但也可以借以译注“收拾精神，并归一路”这句话。生活中无论什么事，只有把精神气力集中在一个地方，才能心想事成。

立于人世，不管做哪一行，做什么事，欲望多了，懂得多了，有时便会流于表面，博而不专；然后“多则扰”，考虑得太多，困扰就多，困扰了自己，也困扰了他人；最后“扰则忧，忧而不救”，思想复杂了，烦恼太多了，痛苦太深了，人生就永远迈不开走向成功的步子。专注于心是做人做事的原则，博而不专，杂而不精，必会制约人生发展的高度。

有一只兔子，身材很修长，天生就很会“跳跃”，所以它一直以“跳远第一名”的荣誉感到无比自豪和光荣。一天，森林的国王宣布，要举办运动会来提倡全民运动。于是，兔子就报名参加跳远项目，果然兔子击败了鸡、鸭、鹅、小狗、小猪等动物，再次得到“跳远金牌”。

后来，有一只老狗告诉兔子：“兔子啊，其实你的天分资质很好，体力也很棒，你只得到跳远一项金牌，实在很可惜。我觉得，只要你好好努力练习，你还可以得到更多比赛的金牌啊！”

“真的啊？你觉得我真的可以吗？”兔子受宠若惊。

“只要你好好跟我学，我可以教你跑百米、游泳、举重、跳高、掷铅球、马拉松……你一定没问题啊！”老狗自信地说。

在老狗的怂恿下，兔子开始练习跑百米，下水练游泳，游累了，又上岸，开始练举重；跑完百米，赶快再练跳高，甚至撑着竿子不断往前冲，也想在撑竿跳中夺魁。接着，又掷铅球、跑马拉松……

到了第二届运动大会，兔子报了很多项目，可是跑百米、游泳、举重、跳高、掷铅球、马拉松……它没有一项入围，连以前最拿手的跳远，成绩也退步了，在初赛中就被淘汰了。

这只小兔子的教训是深刻的。有些人很有“企图心和欲望”，想让自己很有名、出尽风头；就像兔子一样，在别人的怂恿下，武断地认为自己没问题，既可以做这个，又可以做那个，到头来，一样都没有做好。

其实，兔子的跳远第一名，就是专注在跳远领域的顶尖成就，何必一定要去跑百米、游泳、跳高、举重、掷铅球、跑马拉松……样样都要拿第一名呢？

生活中，如果我们想求学，同时又想着做官、飞黄腾达，那么我们的学业必然得不到精修；同理，如果我们做一件事时，只满足于学得皮毛、三心二意，同样不会成为某个领域的精英。

所以，如果我们想做成一件事情，就必须将自己仅有的时间和精力集中地投入到这件事情中去，并专注于此。人，一旦进入专注状态，整个大脑就围绕一个兴奋点活动，一切干扰统统不排自除，除了自己所醉心的事业，一切皆忘，这样才能取得最佳效果。

避免让机心污染知识

是故才德全尽谓之圣人，才德兼亡谓之愚人，德胜才谓之君子，才胜德谓之小人。

——《资治通鉴》

【智慧品读】

道德是一个人的立身之本，假如一个人心术不正、品行不端，即便学富五车，也不会做出什么施德行善的好事，反而会随着学业的精进给他人、给社会带来更多的破坏。

相反，心地无瑕、性情如水的人会保持知识的中性，并随着学习的深入，使自己生活的世界沁满芬芳。

孔子说："禀受才智于自然，回复性灵以全身"。才智性灵如果不符合自然之道、真我性情，便不会利人利己。为学、为人不如放下世故机心，以真示人，这样反而更能为自己争得立足的天地。

相反，一个人假若总是想着如何从这个世界中攫取利益，或者迎合世人、处心积虑地生活，将学无所成，甚至适得其反。

很多人都自认为聪明，可以骗得了天下人。其实，人的智慧相差无几，一个人的那点小小的伎俩不可能瞒得了其他人。因此，一个人在这个社会上生存，不要总以势利、世故之心待人处事，甚至使用一些手腕以求"瞒天过海"，否则到终了受害的还是自己。

其实生命就像一个沙漏，而道德就像沙漏中间那个卡壳。在沙漏的上半部，有成千上万的沙子。它们在流过中间那条细缝时，都是均匀而且缓慢的，除了弄坏它，谁都没办法让很多沙粒同时通过那条窄缝。人，也如同沙漏，每天我们都有新的东西要学习，有不同的事等着我们去做，但是我们必须受制于这个瓶颈，否则流沙就会失于美，沙漏以至于时间就会出错。这就是所谓的“沙漏法则”。

一个人在社会上面对的诱惑太多了，心中免不了受到浸染，这时候我们要做的不是突破道德底线，而是在受制中沉淀，沉淀时间、沉淀涵养，也沉淀历久弥香的知识，避免让机心污染知识。

其实，人的心灵能否因为知识的灌入而丰盈，关键在于心灵本身干净与否。一个人如若在这个过程中失去坚守，可能一时痛快，之后却要经受长期的心灵煎熬。

古语云：“才德全尽谓之圣人，才德兼亡谓之愚人，德胜才谓之君子，才胜德谓之小人。”只有具备良好的德行，才能称得上君子或者圣人。

所以，当我们决心要学习某种知识技能时，首先要端正好心态，保持心灵的无功利性：看见一个好的行为就见贤思齐，而不是利用别人的善行满足自己的私欲；听到一句好的话，先想想我们的修为是否配得上它，如果不是就说自己受之有愧，如果能受用就大方接受。其次，我们还要学会分辨人心的真假，避免自己为人利用，助纣为虐。

读有字之书， 悟无字之意

万物可以为师。

——《韩非子·说林上》

留赞是三国时期吴国的将军和学者。他刚开始时当了会稽郡一名小吏，不幸的是在一次战斗中他的小腿被砍伤，成了残疾人。但是他身残之后，并未消沉，而是发愤读书，立志成为一名学者。他废寝忘食，博览群书，特别喜欢读兵书和史书，如《史记》和《汉书》。留赞对项羽、李广、卫青、霍去病等英雄人物佩服得五体投地。

一次，留赞读《后汉书》，读到了马援将军62岁高龄还向光武帝刘秀请

战，想为国牺牲在战场上。读完这个故事后，留赞深受感动。他再也不愿每日躺在床上无所事事，而要做一名马援将军那样的人，于是拄着拐杖找一位亲属，请他帮忙把自己伤残了的腿的筋腱挑开。

亲属手持尖刀，不敢下手，战战兢兢的。留赞见此情景，便咬紧牙关，自己用力挑开，最后弄得血流满地，他痛得晕死过去。待伤口平复后，留赞的腿可以伸直了。东吴大将凌统得知他自挑脚上筋腱的事，十分佩服和欣赏他的勇气和毅力，于是便提拔留赞为将校。

身患残疾的留赞读书，仅从马援62岁高龄上书请战一事中得到启发，挑开筋腱成为一名将校，终于才尽其用，忠心报国，胜比学富五车却拘泥字面、嚼文咬字的迂腐之辈。

世事洞明皆学问。对于善于读书的人来说，世间一切都是书：山水是书，鱼虫是书，花鸟是书，草木是书，人情也是书。一般人只会读无字之书，却看不见世上这些无字之书；只听得到琴弦之声，却听不见天地间弥漫着的无弦之声。所以，真正会读书的人，主要在于心领神会，能触类旁通，既不要一味执着，也不要在字面上追寻，只要细细领悟书中的意思就行了。

一百多年前，医生们虽然已经能够进行外科手术，但是死亡率依旧非常高。明明手术很成功，伤口却很容易发红发肿，化脓溃烂，最后患者痛苦地死去。医生们搞不明白是什么原因，也不知道怎么防止感染。

有一位很出色的外科医生，虽然他的医术很高明，但也无法防止病人手术后的感染，经常眼睁睁地看着病人死去。于是他一直在积极寻找解决问题的办法，与其他外科医生不同的是，他的目光并没有仅仅局限于外科手术这一狭小的范围内。

有一次，他看到一本生物学杂志，里面有一篇探讨生命起源的论文。论文中讲道：生命不是无中生有，是空气中的生命孢子进入的结果。有机物的腐败和发酵也是微生物进入的结果。

这篇文章表面看起来与外科手术并没有直接关系，但他从中汲取了丰富的营养。他想：病人伤口的感染化脓，不也是一种有机物的腐败现象吗？这个看不见的微生物世界，影响着我们的生活，也肯定影响着外科手术。

依据这种思想，他在手术之前严格地洗手，将手术器械严格地煮沸，在伤口上用煮沸过的纱布包扎，以防止空气中的微生物感染伤口。后来他又寻找到一种杀灭细菌的药剂。运用这些办法后的手术，病人死亡率大大降低。

就这样，他从一篇表面上看来似乎毫不相关的文章中受到启发，创立了消毒外科学。

这位外科医生之所以能够创立消毒外科学，是因为他能够灵活、创新地学习，寻找解决问题的方法，而不拘泥于单一的外科学。如果不是这样的话，他就不可能去关注与外科学没有直接联系的生物学，也就不可能从生物学中获得灵感去解决外科学中的难题。

这告诉人们，世间万物都可以为师，生活中到处都是学问。圣人尚且无常师，普通人更应该开阔眼界，以万物为师，打开心灵，在更广阔的空间里洞察世事。否则，只执着于一事一物，不知变通，最终将一事无成。

化实为虚， 活学活用

筌者所以在鱼，得鱼而忘筌；蹄者所以在兔，得兔而忘蹄；言者所以在意，得意而忘言。吾安得夫忘言之人而与之言哉！

——《庄子》

做学问的人要抱有专心求学的想法，行为谨慎，兢兢业业，也要有大度洒脱、不受拘束的情怀，这样才能体会到人生的真趣味。如果一味地约束自己的言行，过着清苦克制的生活，那么这样的人生就只像秋天一样充满肃杀凄凉之感，而缺乏春天般万木争发的勃勃生机。

我们常说“学海无涯苦作舟”，好像求学是一件很辛苦很漫长的事，其实真正的“治学”是一个苦在身、甜在心的过程。“苦作舟”的为学方式其实只是治学的第一个层面，或者准确地说是为学的浅层含义。

一个人只有将学问做到心里，让自己的心界像所学的知识一样延展，才真正地掌握了治学之道。而“一味敛束清苦”，就会把学问作死，这样为学的实效往往事倍功半。

唐朝江州刺史李渤，问明道禅师："佛经上所说的'须弥藏芥子，芥子纳须弥'未免失之玄奇了，小小的芥子，怎么可能容纳那么大的一座须弥山呢？有悖常识，是在骗人吧？"明道禅师闻言而笑，问道："人家说你'读书破万卷'，可有这回事？""当然！我读书岂止万卷？"李渤一派得意洋洋的样子。"那么你读过的万卷书如今何在？"李渤抬手指着头脑说："都在这里了！"明道禅师道："奇怪，我看你的头颅只有一粒椰子那么大，怎么可能装得下万卷书？莫非你也骗人吗？"李渤听后，恍然大悟。

小小的芥子之所以能容得下偌大的须弥山，是因为他能化实为虚，同时又能吐纳心中之虚解外物之实。化用到治学上，就是说把万卷藏书收纳于头脑中，还要把头脑中万卷藏书深入浅出地应用于生活，否则万卷藏书堆积于头脑中，无异于废纸一堆。古人讲究"文之为德"，就是为了避免这种状况。一个做学问的人，如果不懂得将所学的圣贤书指导人生，便是在读死书。

做学问的同时要学如何做人、如何生活。而为人之道、生活之道在书中是死的，古语说："尽信书则不如无书。"说的就是让书中死板的知识活化成人生的哲学。

然而如果想让它们变活，首先要把心界放宽，心界足够宽广了，才能以生活中的智慧活泛书中的智慧。一个人本身心界的大小并无关紧要，关键是他能在知识的海洋中把心界放宽。

书中有人生百态、世事变迁不假，但是它们的存在如果能成为求学者为人处世的标杆才更加货真价实。以书中的贤者、圣人的为人之道、生活之道衡量我们自己的为人和生活方式，虽然不求完全匹敌，但至少让它们帮我们改进和提高，这样我们的心界宽了，世界自然就广了，书中的智慧便可被人所用。

在我们的实际生活中，为学有成的人生，并不缺少潇洒的趣味和洒脱的胸怀，这样的人往往脑子清明空灵，如同空洞的山谷，回音萦绕。真正的大家在专心求学的同时也懂得让心境永远保持空灵的状态。

对于一个普通的学习者来说，不拘泥于一种求学形式而是让心灵放开，不死学而是劳逸结合，如此这般我们在丰富了头脑的同时也丰盈了心灵。

读书百遍，其义自见

冬者岁之余，夜者日之余，阴雨者时之余也。

——《三国志》

“书是人类最好的朋友”，读书可以使人明心、清脑、益智、养气。明心指读书可以开阔人的心胸，涤荡人的灵魂；清脑指读书可以拓宽人的思路，开阔人的视野；益智指读书可以增长人的智力和才干；养气指读书可以陶冶人的情操，提高人的自身修养和气质。

很多人抱怨说自己想看书却没有时间，其实无须考虑太久远，只要在朝夕之间去争取时间就好。读书的境界不在于逼迫，而在于一种心甘情愿的接受。让读书变成生活中的一种习惯，每天读一点儿，日积月累就会积淀出渊博的学识与良好的修养。

三国时期的董遇是个大学问家，他告诉去找他求学的人先“读书百遍”，之后才可能“其义自见”。当求学者抱怨说“没有时间”时，他回答说：“当以‘三余’，即‘冬者岁之余，夜者日之余，阴雨者时之余’也。”要充分利用寒冬、深夜和雨天学习。

可见，在古代人们就已经知道利用余暇来做学问了。

喜欢读书的人，在生活中每一个平常的时刻都能享受到阅读的快乐。读一本好书，可以增长见识，陶冶性情，使人的情感更细腻，举止更优雅，气质更深沉。常常读书的人往往是谦逊的人，因为他们从书中得知世界上可以为师的人实在太多，宇宙中还有更多的奥秘不曾被人揭露，自然不敢用目空一切的眼神睥睨天下。

所以，不仅普通人应该多读书，身处高位之人更应该多阅读，只有这样才能够谦逊知礼、眼界广博。

宋初，宋太宗命大臣李昉等人编了一部大书，全书共一千卷，共搜集和摘录了一千六百多种古籍的重要内容，分类归成五十五门，是一部很有参考价值的书。这部书是在宋太宗的太平兴国年间完成的，因此原定书名为《太平编类》。

据《春明退朝录》、《宋实录》等书记载，宋太宗对这部书很感兴趣，编成以后，他规定自己每天至少要看二至三卷，一年之内全部看完。后来，这部书被叫做《太平御览》。

当时有人认为，皇帝在处理国家大事之外，每天还要阅览这部书未免辛苦，于是劝太宗少看一些，不必每天览阅，以保证休息。宋太宗却说："朕性喜读书，颇得其趣，开卷有益，岂徒然也。"

博览群书能使人拥有高深的学问。在信息化的世界，读书是人类获取知识的主要途径之一。多读书可以拓宽人的知识面，丰富文化修养。古人说，人可一日不食肉，不可一日不读书。学问要靠累积，人才能变得更加睿智。

读书是一件幸福的事情。正所谓"读书足以怡情，足以博彩，足以长才。其怡情也，最见独处幽居之时；其博彩也，最见于高谈阔论之中；其长才也，最见于处世判事之际。"

一本好书中有无穷广博的天地，有的人读地理名胜，可以遨游天下；有的人读历史掌故，可以和古人接心神交。读书，可以让人们体悟人生，读懂历史，眼观世界。多读书，在身心的滋养中体味人生百态，品在其中，回味无穷，人生也将会有不一样的积淀。

勤能补拙，贵在坚持

不积跬步无以至千里，不积小流无以成江海。

——《荀子》

成人难，成才更难，一个人的成功不是一两天所能达到的，诚如荀子在

《劝学》中所言："不积跬步无以至千里，不积小流无以成江海。"这里强调的其实是，积累对于成功的重要作用。

冰冻三尺非一日之寒，研究学问需要积累，成就事业也需要积累，需要坚持不懈地奋斗。积累只能由百炼成金的毅力而至，任何浮躁的心态和行为都是积累的大敌。

不经一番寒彻骨，怎得梅花扑鼻香。积累与坚持是人们通往成功之路的必备素质，只有经过长久积累、坚持不懈的人，才有可能建立伟大的功业。

王献之是王羲之第七子，以行书和草书闻名于世，与父亲羲之并称"二王"。献之小时候随父亲学书法，很有天分，但却有些沾沾自喜。

母亲郗氏对他说，要写完院子里的十八缸水，他的字才会有筋有骨，有血有肉，才会站得直立得稳。献之心中不服，努力练习了五年之后，把写好的字拿给父亲看。

谁知，王羲之看到后不停地摇头，看到一个"大"字时，才微微一笑，随手在"大"字下面添了一个点。献之又将自己的书法拿给母亲看，并说："我又练习了五年，并且完全是按照父亲的字练习的，您仔细看看，我和父亲的字还有什么不同呢?"

郗氏认真地看了三天，最后指着王羲之在"大"字下面加的那个点，叹了口气说："吾儿磨尽三缸水，惟有一点似羲之。"献之听后，感叹不已，从此更加发奋练字，终于，在练尽十八缸水后，书法突飞猛进，达到了炉火纯青的境界。

王献之以书法扬名，人们看到的是他人前的光芒四射，却往往忽略他背后的付出与坚持。不仅献之如此，他的父亲王羲之在书法上的勤奋也是十分出名的，他练字的墨汁居然能染透一池清水。

"成功的花，人们只惊慕她现时的明艳！然而当初她的芽儿，浸透了奋斗的泪泉，洒遍了牺牲的血雨"，冰心的这句话是十分耐人深思的。坚持不懈地积累不仅对于练习书法者很重要，对于做学问的人来说也是十分重要的。清代著名学者阎若璩正是一个例子。

阎若璩早年就专心于研究经史，学有所长。康熙年间以廪膳生的身份考上了博学鸿词科。他写的学术著作极多，著名的有《眷西堂诸集》。他也是清朝经学大师，对诗文深有研究，并且过目不忘。

但谁能想到他早年竟是天质奇钝，书得读百遍才略上口。又因为他体弱多病，其母甚至禁止他读书。好学的他于是拿来书自己暗暗地默记，不再出声。他就这样坚持了十多年，一日，他忽然觉得自己的头脑豁然清醒，再研究以前一些不太明白的问题，则毫无困难。这正是他多年苦思苦学之结果。

从阎若璩的故事可以看到，成功并不是专属于天资聪颖者的。即便有些人可能天生迟钝一些，但勤能补拙，只要他能够沉下心来，踏踏实实地积累，锲而不舍地坚持，最终是会有回报的。

相反，如果好高骛远，做事轻浮，总是追求不切实际的目标，是注定要以失败告终的。

成功只能由一点点地坚持，一步步地积累才能够获取。世间最容易的事是坚持，最难的事也是坚持。说它容易，是因为只要愿意做，人人都能做到；说它难，是因为真正能够做到的，终究只是少数人。

领“弦外之音”，悟言外之意

举一而三反，闻一而知十，乃学者用功之深，穷理之熟，然后能融会贯通，以至于此。

——《朱子全书》

陶谷是宋太祖时尚书，他出使吴越国，吴越国的忠毅王准备了丰盛的宴席热情地款待。席上放上一盘梭子蟹，它是蟹类中的珍品。陶谷故意问：“除了它之外还有什么蟹?”忠毅王让厨师送上各类蟹肴，自梭子蟹以下至蟛蜞（一种小蟹）几十余种。陶谷说：“真的像俗语所说的，你们一蟹不如一蟹。”陶谷通过说蟹，讥讽吴越王一代不如一代。

忠毅王心里明白陶谷用意，居心不良，就让厨师端上一盆葫芦羹，说：

“这种羹先王时就已经在用，厨师依样烹制的。”原来陶谷在宋朝当宰相，因袭旧法，有人作诗嘲之：“堪笑翰林陶学士，年年依样画葫芦。”所以忠毅王让人端上葫芦羹，反唇相讥，陶谷还是没有得到便宜。

鸟语虫声，饶有机趣，细心领会，恰如人们的话语；花英草色也深含人情，仔细观赏却也隐含人间道义。一物一景，都有机锋，如不领会，难免受到考虑不周所带来的屈辱。梭子蟹与葫芦羹，虽在饮食之中，却含意深刻，陶谷和忠毅王心领神会，触物会心，自然会让人浅笑之余品味再三。

但是并不是所有人都有陶谷和忠毅王的那种敏锐，宋代的一位所谓的名士正是如此。触物不能会心虽然没有给他带来皮肉之苦，但却让自负的他陷入尴尬之中，丢尽了颜面。

宋代有一位名士一向很自负，他说自己学识渊博，天下没有人胜得过他。他听说诗人杨万里知识渊博，很有才华，所写的诗一直蜚声四方，颇负盛名。他非常不服气，决定给杨万里写一封信，说要亲自到其家乡江西吉水拜见。

杨万里也早就听说这个人一贯骄傲得不得了，就给他回了一封信，并说：“我很欢迎您的到来，并冒昧地向您提一个小小的要求，听说你们家乡的配盐幽菽非常有名，很想亲口尝一尝滋味，请您来时顺便捎带一点儿。”

那个名士拆信一看，不禁一下子愣住了，什么是配盐幽菽呀？自己未曾听说过。他想了很久，也想不出是什么东西，他又不愿意放下身份去问别人，只好自己在街上到处乱找，但找了很久也没有找到。后来，他只好两手空空地来到吉水。他见到了杨万里后，寒暄了几句就问：“您信中提到的配盐幽菽是不是卖的地方比较偏僻，我找了很久也没有找到，实在抱歉！”

杨万里听了哈哈大笑起来：“你们那里家家户户都有啊！”说着，他随手从书架上取下一本《韵略》，翻开当中的一页。名士接过来一看，上面明明白白地写着“豉，配盐幽菽也”一行字。他这才明白，原来所谓的配盐幽菽，就是家庭日常食用的豆豉啊！

故事中的学士，自诩才高八斗，不把他人放在眼里，实际上却只有一些死学问，不知变通，也不能触物会心，结果受到了杨万里的嘲弄。

人们在日常生活中应该留心观察，举一反三，听到的话、接触到的事物，不要只看表面，还应该了解他们的弦外之音、物外之象。只有把握住了这些，

才能够胸中光明，灵台澄澈，于心领神会之际不着痕迹地应对。否则，凡事只停留在表面，糊糊涂涂，不了解别人话语中的言外之意，也不了解事物背后蕴藏的玄机，难免会受到他人的愚弄。

欲速不达须心平气静

无欲速，无见小利。欲速则不达，见小利则大事不成。

——《论语》

有一个小朋友，很喜欢研究生物，很想知道蛹是如何破茧成蝶的。有一次，他在草丛中玩耍时看见一只蛹，便取了回家，日日观察。几天以后，蛹出现了一条裂痕，里面的蝴蝶开始挣扎，想抓破蛹壳飞出。艰辛的过程达数小时之久，蝴蝶在蛹里辛苦地拼命挣扎，却无济于事。

小朋友看着有些不忍，想要帮帮它，便随手拿起剪刀将蛹剪开，蝴蝶破蛹而出。但没想到，蝴蝶挣脱以后，因为翅膀不够有力，变得很臃肿，根本飞不起来，之后，痛苦地死去。

破茧成蝶的过程原本就非常痛苦与艰辛，但只有静静地等候蛹壳破开，忍受钻出蛹壳时的腾空，蝴蝶才能翩翩起舞。小男孩的急切虽然可以充当破开蝶蛹的外力帮助，但是因为违背了自然的过程，反而让爱变成了害，最终让蝴蝶悲惨地死去。自然界中这一微小的现象放大至人生，意义深远。

现代社会中，许多人拥有的都是躁进的心，于是，人们在不断跳槽中度过了人生中适合进步与发展的最佳时机，人们在金钱至上的追逐中失去了欢笑与幸福的能力，人们在“速度就是一切”的观念中迷失了自我。

然而结果往往是虽然我们百般心机想要找到成功捷径，却离成功越来越远，这和人们常说的“心急吃不了热豆腐”是同一个道理。万事万物都有一定的发展规律，越是急躁，就越可能把事情弄得一团糟。

曾有人这样诉说自己的苦闷："我这一两年一直心神不定，老想出去闯荡一番，总觉得在我们那个破单位待着憋闷得慌。看着别人，房子、车子、票子都有了，心里慌啊！以前也做过几笔买卖，都是赔多赚少；我去摸奖，一心想摸成个暴发户，可结果花几千元连个声响都没听着，就没有影了。后来又跳了几家单位，不是这个单位离家太远，就是那个单位专业不对口，再就是待遇不好，反正找个合适的工作太难啊！天天无头苍蝇一般，反正，我心里就是不踏实，闷得慌。"

这便是现代人典型的"躁进"心理，面对急剧变化的社会，总想着领先于人，脑子总是不停地转动，最终仍是一无所获。这种人不是对生活缺乏思考，而是在行动之前动用了太多的心机，但是结果和缺乏思考一样导致盲目。有时，为了满足自己的欲望，甚至可以不择手段。

其实，静下心来，耐心地去追求自己想要的，成功就在不远处。

棋坛有"石佛"之称的韩国围棋第一高手李昌镐，他总是以一颗平常心来对待每次对弈，置胜负于度外，平心静气地走好每一步棋。出现劣势时，对手大多有些慌乱，但他依旧毫无表情，纹丝不动，而最终的胜者则常常是他。

在我们生活的时代，有些人难免患上躁进的心理疾病。因为躁进，人失去了对自我的准确定位，随波逐流，漫无目的地努力，最终事与愿违，竹篮打水一场空。

其实，欲速则不达的道理大家都懂，但在实际行动中却总是背道而驰。为了避免这种情况，我们让自己的意念平息，让心灵沉静，这样"石虎可作海鸥，蛙声可当鼓吹，触处俱见真机"。时时擦拭心灵深处的浮躁，时时提醒自己"一口吃不成个胖子"，及时地给自己的心灵洗个澡，去除掉那些躁进的因子，恢复一颗淡泊、宁静的心，人生才会拥有更大的幸福。

玉不琢不成器，人不学不知义

百川东到海，何时复西归。少壮不努力，老大徒伤悲。

——《乐府诗集》

【智慧品读】

北宋时期，有一个名叫方仲永的人家里世代都是农民，没有一个文化人。他5岁时，还从未见过笔墨纸砚。可是有一天，方仲永突然哭着向家里人要笔墨纸砚，说想写诗。他父亲感到十分惊讶，马上从邻居那里借来笔墨纸砚，方仲永当即写了四句诗。同乡的几个读书人知道了这件事，都跑到方仲永家来看，一致认为他的诗内容深刻雅致，文采绚丽多姿。人们纷纷称赞他是一个不可多得的天才。

这件事在乡里流传开后，方仲永家热闹起来，经常有人来家玩，有人当场出题要他做诗，甚至还出钱让他题诗。方仲永的父亲见有利可图，于是放弃了让方仲永上学读书的念头，每天带着方仲永轮流拜访县里的那些名流、富人，找机会表现方仲永的做诗天赋，以博得那些人的夸赞和奖励。

由于方仲永没有机会学习，久而久之他的才华就逐渐地消失了。到20岁的时候，他已经和普通人没什么两样了。

大才的成就往往在于从小的教育，如果小时候锻炼得不够火候，陶冶得不够精纯，等到长大以后再来弥补就已经晚了。为人父母，言传身教一定要趁早，在孩子小的时候就要规范他的一言一行，督促他不断学习，否则错过时机，将后悔莫及。

方仲永在小时候就显露出了过人的才华，如果善加利导，将来一定成就非凡；然而悲剧就在于，他的父母不仅没有重视对他的教导，反而以他的才华作为骄傲的资本，导致他荒废学业，一事无成。

与方仲永的父母相比，孟子的母亲就显得明理多了。

少年时期的孟子因贪玩而不好好学习，经常跑到一个离家不远的墓地，做着挖坟埋死人的游戏，有时玩得连饭都忘记吃。因此，孟母非常焦急，决定为孟子找一个良好的学习环境，最后她挑中了街市附近的一个地方，把家搬到那。

但是繁华的街市和来往的商人也分散了孟子的注意力，有强烈好奇心的孟子经常学着商人去街上叫卖，完全忘记了读书学习的事，孟母认识到原来小孩子都有很强的“近朱者赤，近墨者黑”的可塑性，看来此地也不是孩子学习的好地方，于是又打算搬家。最后她把家迁到一所学堂旁边。孟子便体会了母亲的良苦用心，读书学习开始专心致志了。

上学后的孟子，虽然比从前用功，但仍然贪玩好动，对待学业并不十分专心努力，使孟母仍很担忧。一天孟母正在堂前织布，早早地又见孟子跑回家来了，就马上放下手中的活，问孟子是何原因。背着老师逃学的孟子害怕母亲责备，就撒谎说：“今天学堂提前放学，我就提早回来了呀！”

孟母听出他在说谎，感到很痛心。她拿起剪刀剪断了织布机上的纱线，只坐在一旁默默流泪。孟子感到紧张和害怕，小心地走上前问母亲为什么这样难过。孟母语重心长地说：“要你好好读书以成才，就像是织布，你现在这样经常在中途废学，不求上进，就等于用剪刀剪断纱线织不成布一样。”

孟子听了母亲的教诲，感动非常，痛哭流涕，学习勤奋，其志愈坚。由于孟母严加管教，悉心诱导，再经过孟子本人的刻苦努力，孟子终于学有所成，被人称为“亚圣”，在中国文化史上占有重要的地位。

我们只见过万千的河流奔腾着向东流向大海，何曾见它回来过？光阴也是这样，小时候不好好努力，长大了就只剩下悲伤和后悔了。孩子在小的时候，往往缺乏自知与自制的能力，为人父母就应该尽力给孩子提供一个好的环境，并严格耐心地教导他。

把握当下， 着眼未来

悟已往之不谏，知来者之可追。实迷途其未远，觉今是而昨非。

——《归去来兮辞》

【智慧品读】

新年的夜晚，一位老人伫立在窗前。他悲戚地举目遥望苍天，繁星宛若玉色的百合漂浮在澄静的湖面上。老人又低头看看地面，几个比他自己更加无望的生命正走向它们的归宿——坟墓。

老人在通往那个地方的路上，也已经消磨掉六十个寒暑了。在那旅途中，他除有过失望和懊悔之外，再也没有得到任何别的东西。他老态龙钟，头脑空虚，心情忧郁。

年轻时代的情景浮现在老人眼前，他回想起那庄严的时刻，父亲将他置于两条道路的入口——一条路通往阳光灿烂的升平世界，田野里丰收在望，柔和悦耳的歌声四方回荡；另一条路却将行人引入漆黑的无底深渊，从那里流出来的是毒液而不是泉水，蟒蛇到处蠕动，吐着舌箭。

老人仰望夜空，苦恼地失声喊道："时间回来吧！把我重新放回人生的入口吧，我会选择一条正路的！"可是，他自己的黄金时代早已一去不复返了。

他看见天空中一颗流星陨落下来，消失在黑暗之中，那是他自身的象征，徒然的懊丧像一支利箭射穿了老人的心脏。他记起了早年和自己一同踏入生活的伙伴们，他们走的是高尚、勤奋的道路，在这新年的夜晚，载誉而归，无比快乐。

远山的钟声鸣响了，钟声使他回忆起儿时双亲对他这浪子的疼爱。他想起了困惑时父母的教诲，想起了父母为他的幸福所进行的祈祷，强烈的羞愧和悲伤使他不敢再多看一眼父亲居留的天堂。老人的眼睛黯然失神，泪珠儿潸然坠下，他绝望地大声呼唤："回来，我的青春！回来呀！"

老人的青春真的回来了。原来，刚才那些只不过是他在新年夜晚打盹时做的一个梦。尽管他确实犯过一些错误，眼下却还年轻。他虔诚地感谢上天，时光仍然是属于他自己的。他还没有坠入漆黑的深渊，尽可以自由地踏上那条正路，进入福地洞天，丰硕的庄稼在那里的阳光下起伏翻浪。

不要以为自己还年轻就可以浪费光阴，不要以为寻求自由就是随心所欲，这是非常危险的。如果这样，等你有一天突然醒悟，会发现自己虚度了太多，失去了太多，到时后悔为时晚矣。

生命的入口只有一个，也只能进入一次，而且时间短暂。为了活出生命的价值，不能不知道拥有生命的乐趣，也不能够不时常担忧是否会虚度一生。

其实，我们可以在很多方面发掘生活的乐趣，也可以在很多方面多加些努力来避免虚度。人活着就是一种莫大的幸福，学会珍惜才不会让生命贬值。

不管什么时候意识到这个问题都不晚，如陶渊明在《归去来兮辞》中所讲：感悟到没有必要再去挽救那些过去犯下的错误，还好在错误的道路上走得还不远，重要的是把未来可以把握的事情做好。

所以，工作、学习时，就抓紧时间、提高效率，趁自己还年轻时把人生的基础夯实；闲暇时，珍惜和家人、朋友相处的时间，并尽力维护彼此之间的感情，人生的乐趣才不致于被荒废；一个人时，或置身自然，或静思观心，用自然之灵气养身，用自省之智慧养心。

少无礼之举， 多浑厚之气

大方无隅，大器晚成。大音希声，大象无形。

——《道德经》

古语云：“桃李虽艳，何如松苍柏翠之坚贞？梨杏虽甘，何如橙黄橘绿之馨冽？信乎，浓夭不及淡久，早秀不如晚成也。”

意思是说：桃李的花朵虽然鲜艳，但怎么比得上苍松翠柏的坚贞不

屈；梨杏果实虽然甘甜，但怎么能比得上黄橙绿橘蕴含的芬芳？确实如此，浓烈却消逝得快还不如清淡而维持得长久，少年得志还不如大器晚成。

唐朝诗人李贺（790—816），字长吉，福州人。他是郑王后裔，出身于没落宗室，官终奉礼郎。李贺终生不得志，卒年27岁。

李贺善为诗歌，韩愈看重他，使之声名日高。诗人元稹少年得志，以明经擢第一，亦工吟咏，欲结交李贺。一日，元稹诚意登门，拜访李贺，李贺览其名帖竟不容入，令仆人答道："明经乃第，何事来见我？"元稹惭愤而退。后李贺应举，应试者忌其才，遂以其祖讳对李贺大加非议，贺自视清高，竟不赴考，导致终身遗憾。

韩愈惜其才学，着《讳辩》讲了几句公道话。唐礼部侍郎李潘曾经编缀李贺诗作，并为其诗集作序。诗集编成，召其笔砚之交李贺的表弟托以搜访所遗，李贺的表弟答应了。

然而好几年李潘没有得到任何音讯，非常气愤，就叫来李贺的表弟质问他，李贺的表弟说："我与李贺少时同处，他傲慢无礼，我真想找个机会报复他呢！所得歌诗，兼旧有者，一起扔到厕所里去了。"李潘大怒，把那个人赶了出去。

所以，李贺作品很少传世，其原因在于他恃才傲物，性格乖僻。可见，少年之士，少无礼之举，多浑厚之气，自然才华丰盛，前途似锦。

一位作家曾经说过："成名要趁早"。可是过早的成名未必是件好事，诗鬼李贺就是很好的例子。

一个人很早就表现出惊人的才华本来是一件好事，如果善加利用，虚心受教，很有可能取得非凡的成就；但如果恃才傲物，就会阻碍自己前进的脚步，同时，耀眼的锋芒也容易遭人嫉妒，给自己带来灾祸，好事也能变成坏事。

戴震是我国清代著名的语言文字学家、哲学家、思想家，擅长考据、训诂、音训，是清代考据学派的重要代表人物。据记载，戴震十岁才开始说话，年少之时，由于家庭生活困难，上不起学，只能随父亲出外做些小买卖。在做小商贩的行途中，他一有机会就拿起书本，抓紧一切时间来学习。往往出门做一回生意，就要背诵数页书。

戴震虽然生活艰苦，但一直勤奋读书。后来他随父亲做生意客居南丰，就一边教书，一边研究学问。

20岁时，他拜师于当时的著名学者江永。40岁时，才参加乡试并中举。尽管戴震学识渊博，但在之后的十多年间，却屡试不第。戴震50岁时，曾主讲于浙东金华书院，被钱大昕称为天下奇才，举荐给尚书秦蕙田协助修《五经通考》。后会试不第，应直隶总督方观承之聘，修《直隶河渠志》。

乾隆三十八年，由纪昀等人引荐，戴震奉诏入四库馆编纂《四库全书》。乾隆四十年，戴震以53岁的高龄，奉命与当年贡士同赴殿试，赐同进士出身，授翰林院庶吉士。在四库馆中，戴震做出不少成绩，如从《永乐大典》中辑出宋代张淳的《仪礼识误》三卷，把宋代李如圭的《仪礼集释》订为三十卷等，为我国传统文化的保存做出了重要贡献。

《道德经》中说，最方正的事物是无棱角的，最大而又贵重的事物是晚成的，最好的音乐是没有声音的，最大的形象是没有形象。

过早成名未必是好事，岁寒而后知松柏之苍劲，真正能做成大学问、成就大事业的人是要经过长时间的磨炼的，所以真正的大才往往成就较晚。戴震的一生可谓成就卓越，他就是典型的大器晚成。

人生百年屈指可数，每个人都不愿虚度自己的光阴，想在有生之年成就一番大事业。有的人可能比较幸运，天资聪颖，少年得志，但是恃才傲物或者不知进取的话，最终也只能默默无闻。相反，谦虚求教、勤奋努力，即便是那些资质一般的人也能取得非凡的业绩。

善养恒心，执着投入

泰山之霤穿石，单极之绠断干。水非石之钻，索非木之锯，渐靡使之然也。

——《汉书》

泰山上滴下的水能够把岩石击穿，井绳能够磨断井边的栏杆。水不是专

门用来钻石头的，井绳也不是用来锯木头的，这一切都是日积月累产生的变化。

正所谓事在人为。很多人总是感慨幸运与成功常常光顾他人，而从自己身边绕路走开，却很少思考：那些成功的人和自己有什么不同。世界上有一种人，寂寂无声，但却恒心不变，只是默默勤劳地努力着，坚持到底，事业如此，德业亦如此。正如软绳无言，水滴软弱，但经年累月持之以恒。

与此相对照，一个身心浮动的人，好比滚动的石头，滚动的石头无法长出苔藓。现代社会，很多人缺少耐心，在一个地方住太久了就开始厌倦，读书读久了也不耐烦，工作时间不长就计划着跳槽。“不耐烦”的毛病病因在于“无恒”，而恒心对于一个人的成长与成功都极为重要。

俗话说：“有恒为成功之本。”做任何事情都不可缺少恒心。即使掘井九仞，如果不再继续，仍然没有水喝，所有的努力到最后都会功亏一篑。

从古至今，所有追求成功的人都必然付出长久的努力。汉朝的董仲舒，青年时代立志向学，三年不窥园，终于成为一代名儒学者；晋朝王羲之，临池磨砚，写完一缸水，终于成为书法大家。世上无难事，只怕有心人，因为耐烦有恒，读书才会有得；因为耐烦有恒，做人才能通达；因为耐烦有恒，修行才有成就；所以说“耐烦做事好商量”。

也许，我们每个人的心里都有一个执着的愿望，只是一不小心把它丢失在了时间的长河里，让天下最容易的事变成了最难的事。因而，想要成就大事业的人，尤其要用恒心来成就它，要以坚忍不拔的毅力、百折不挠的精神、忍受纷繁复杂的耐性、坚贞不变的气质，作为涵养恒心的要素，去实现人生的目标。

学者梁实秋曾断断续续用30余年的时间独自完成了《莎士比亚全集》的翻译工作，投入了几乎半生的精力。开始，梁实秋共物色了5个人担任翻译，他和闻一多、徐志摩、陈西滢、叶公超，计划5～10年完成。

后来，另外四人临阵退出，梁实秋便一个人把任务承担下来。人生的遭遇是任何人都难以预料的，他在抗战爆发前完成八部莎翁剧作的翻译工作。“七七事变”后，为了躲避日寇的通缉，他不得不逃离北京，在极其艰苦的环境下，继续进行对莎翁剧作的翻译。

抗战胜利后，梁实秋回到北京，在北京师范大学任教，课余时间，他依然坚持莎翁剧作翻译工作。1967年，由梁实秋独立翻译的莎士比亚37种作品的中文译本全部出齐，在国内大学界引起了轰动。梁实秋回忆说：“我翻译莎氏，没有什么报酬可言，穷年累月，其间也很少得到鼓励……”

梁实秋的成功，得益于他对这一工作的执着精神。执着是一种信念，是一种忘情和忘我的投入。世上，专注者往往默默无闻，普通得如田野里耕作的农人和车间里生产的工人，谦卑得如郊外的草树、如山谷里不为人知的流水。

但是，他们还有一个共同的特点，就是对自己所追求的事业具有献身精神，能够把自己的时间和精力都投入其中。有恒，是“语不惊人死不休”的豪情，是“为伊消得人憔悴”的投入，是“十年磨一剑”的等待，古今成大事者，大抵都具有这种执着精神。

遇苦难不畏惧

故天将降大任于斯人也，必先苦其心志，劳其筋骨，饿其体肤，空乏其身，行拂乱其所为，所以动心忍性，增益其所不能。

——《孟子》

【智慧品读】

司马迁是西汉著名的史学家、文学家。他的祖上好几辈都担任过史官，父亲司马谈也曾是汉朝的太史令。受家庭的熏陶，司马迁立志要编写一部全面记载历史演变和发展的史书，留给后人。他从 20 岁开始游历全国，搜集史料，为他的宏大构想做着充分的准备。

而且，博学多才、满腹经纶的司马迁深受汉武帝的赏识，顺理成章地继承了父亲的职务，当上了太史令。然而就在他已经着手撰写《史记》的时候，却因李陵事件意外获罪，被陷害入狱，遭受宫刑。这种刑罚对于男性的自尊无疑是一种重大的伤害，司马迁在夜里常常难以入睡。

如果只是身体上的苦痛，以司马迁的忍耐力他绝对可以忍受，让他难以

忍受的是内心的折磨。在司马迁看来，遭受宫刑是件有辱门风、极不光彩的事。他本想绝食自尽，但转念一想，自己还有一件极其重要的工作没有完成，那就是完成父亲未竟的事业——编写一部史书。想到这书刚刚酝酿成熟，半途而废十分可惜，于是他打消了自杀的念头。

后来，司马迁以历代名人鼓励自己：周文王被关在羑里，写了一部《周易》；孔子周游列国被困陈蔡，编写了一部《春秋》；左丘明眼睛失明，写下《国语》；孙膑被剜掉膝盖骨，写了《兵法》……这些宏伟著作，都是作者在困苦环境中、心情郁闷时写成的。每每想起这些，司马迁的眼前就会浮现出这些先贤忍着痛苦奋笔疾书的情形。他对自己说："他们尚且如此，我为什么不能把这部史书写成呢?"

从此，司马迁把所有的痛楚和烦恼抛诸脑后，全身心投入到史书的编写中。最终完成了中国历史上第一部纪传体通史——《史记》，司马迁本人也因这部著作和他的坚韧精神青史留名。

古人说有大智的人必有大勇，司马迁便是这样的人。他知道在他所处的年代里，死一个像他这样没有地位没有名望的人，无关紧要，无关痛痒，因此他勇敢地活下来，终于完成了对自己人生价值的定位，并让自己的生命和价值在人们的颂扬中无限延长。

无论是在谁的生命中，苦和乐往往都相互转化，没有永远幸福的人生，也没有永远苦难的命运，一个人可以选择先享受、再奋斗，也可以选择先奋斗再享受，但是人生至美的圣境常常由苦难缔造。因为幸福和成就的获得靠的不是天上掉馅饼的侥幸而是矢志不渝的求索。

"天将降大任于斯人，必先苦其心志，劳其筋骨"是所有成功路上亘古不变的真理。一个经历了苦和难的人，磨炼达到极致，他所获得的幸福会如陈年佳酿一样历久弥香。

现实生活中的我们会在生活中遇到不顺，会在工作中遇到瓶颈，也会在学习中受到打击，但是只要我们对未来抱有希望，为了实现自己的目标，忍受它们、克服它们，那么我们终有一天会实现自己的梦想。

大智若愚， 大道至简

心不可不虚，虚则义理来居；心不可不实，实则物欲不入。

——《菜根谭》

【智慧品读】

人一定要有虚怀若谷的胸襟，只有谦虚谨慎才能获得真知灼见；人一定要坚强执着，意志坚定，那样才能不受名利的诱惑。

生命玄机，往往虚实相生。做学问要虚怀，才能让知识义理无限量地充盈自我。做人要实在，才能无所欲求，演绎生命的绚烂。从某种程度上来说，虚怀也是一种踏实，踏实也可以表现为虚怀。

虚实结合往往让一些成功之士表面上看似愚笨守拙，实则心体光明，胸怀大略。所以中国历史上才有大巧若拙、大智若愚的说法。一个人虚心学习，踏实做人，并在学习的过程中不为俗世风物左右，看似愚钝的表现，实则蕴含着韬光养晦、卧薪尝胆的智慧和精神，这样的人往往不鸣则已，一鸣便可惊人。

在我国古代，著名的画家、书法家周元素曾有一个叫阿留的书童。这个书童常伴周元素的左右，虽然看起来有点愚钝，但为人踏实，每次周元素作画写字时他都静静地守候并认真地观察。一天，周元素作画时，看见阿留一直在专心致志地看，便半开玩笑地对阿留说：“你是不是偷学了我的技艺?”阿留矢口否认。只见周元素笑笑说：“噢? 那你就画两笔给我看看。让我鉴别一下。”

阿留不好再说什么，于是卷起袖子，提起笔，低下头，开始在纸上挥毫泼墨。不一会儿，一幅出水芙蓉图就画好了。

周元素走到画前，仔细端详。阿留的画取意“小荷才露尖尖角，早有蜻蜓立上头”这一诗句，一挥而就，而且意境贴合，线条细腻而不失洒脱。这

简直让周元素不敢相信。

为了再考验他一下，周元素要阿留再画一幅验证实力。阿留沉思了一会儿，便又是一番挥洒，很快，一幅斜燕裁柳图便已画好。从整体来看，画面上是一株柔柳，被斜着身子的燕子从天空掠过，春意盎然、生机勃勃。而从细处考究，该画笔法老练，布局合理。

这时周元素已经深信不疑，自己的书童已经在潜移默化中领悟丹青的真谛。他把家里人都喊来欣赏阿留的画作。

自此，阿留一炮而红，在当地名气大振。

阿留服侍周元素作画，平时不显山不露水，甚至免不了遭人戏弄，但是对这些他都粗化处理，反而将主要的精力用在虚心学习周元素作画的技法、悉心领会周元素取意的思维套路上。因此，这个在日常生活中笨手笨脚的人，反而心无旁骛地默习画艺，终有所成。他的成功的道理就在于“心不可不虚，虚则义理来居”。

其实，无论是在历史上，还是在我们生活的时代，越是有成就的人，越是懂得谦虚为学、实在为人的道理；越是浅薄的人，越容易浅尝辄止、自以为是。

成功路上世事复杂，仅凭一己之明很难掌握事实真相。为此，我们要虚心地听取各方面的意见，尽量从多个角度、多个层次去认识事物、增强自己的实力，并时刻抵御外物的侵扰，保持踏实为人的品格。

第七章

达观自然， 放低姿态是乐天知命的大慧

容人之过， 得人之心

攻人之恶，毋太严，要思其堪受；教人以善，毋过高，当使其可从。

——《菜根谭》

【智慧品读】

批评别人的过错不要太严厉，要顾及到别人是否能够承受；教人家做善事，也不要要求过高，要考虑对方是否能够做到，要使其感到力所能及。

春秋时期，楚庄王打了胜仗，设宴款待群臣。君臣猜拳行令，敬酒干杯，好不热闹。席间，兴致高昂的庄王命自己最宠爱的妃子为参加宴会的人敬酒。

忽然，一阵狂风刮过，客厅内所有的蜡烛都被吹灭了，大厅顿时陷入一片漆黑之中。此时美妃正在席间轮番敬酒，突然，黑暗中有一只手拉住了她的衣袖。对这突然发生的无礼行为，美妃不敢乱喊，一时又脱身不得，情急之下，顺手扯断了那个人的帽缨。对方手一松，美妃趁机挣脱，跑到楚庄王身边，并悄悄地向庄王诉说被人调戏的情形，还告诉庄王，对方的帽缨已经被自己扯断了，只要点亮蜡烛、检查帽缨就可以查出这个人是谁。

楚庄王听了宠妃的哭诉，没有恼怒，从容沉思片刻便趁烛光还未点明，在黑暗中高声说道："今天宴会，各位不必拘礼，尽情开怀畅饮。为了尽兴，请大家都把自己的帽缨扯断，谁的帽缨不断谁就是没有喝好酒！"群臣哪知庄王的用意，为了讨得庄王欢心，纷纷把自己的帽缨扯断。等蜡烛重新点燃，所有赴宴人的帽缨都断了，根本就找不出那位调戏美妃的人。就这样，酒宴上的一场尴尬局面化解于无形，大家都尽兴而归，包括那个调戏庄王宠妃的人。

事后，楚庄王对耿耿于怀的王妃解释说："酒后失态是人之常情，如果当着众人的面追查处理，反会伤了将士的心，使众人不欢而散。"

时隔不久，楚庄王借口郑国与晋国在鄢陵会盟，于第二年春天，倾全国之兵围攻郑国。战争十分激烈，历时三个多月。在一场战斗中，有一名军官奋勇当先，与郑军交战斩杀敌人甚多，郑军闻之丧胆。楚国取得胜利，在论功行赏之际，才得知奋勇杀敌的那名军官，名叫唐狡，而他就是在酒宴上被美妃扯断帽缨的人。

人犯了错之后，总是非常迫切地希望得到别人的宽容，得到一次悔过自新的机会。一旦重新获得别人的宽容，就会产生感恩图报的心理，以期通过自己加倍的改过表现来获得对方的认可。楚庄王懂得“容人之过方能得人之心”的道理，所以才能略施糊涂之计，换得军官加倍忠勇的表现。

人非圣贤孰能无过。但是面对自己的过错，每个人实际上都不愿意接受当面的、直接的批评和指责。如果我们逆着这种心理趋势，选择尖锐的批评攻击、好为人师的教诲指摘，那么所得到的效果只能是零。所以说批评也是一门艺术，教诲是一门学问。要把它们发挥到淋漓尽致，并收到实效，不妨照着《菜根谭》所说的去做：“攻人之恶，毋太严，要思其堪受；教人以善，毋过高，当使其可从。”

批评需要明确但是方式可以委婉些，这样便于别人接受也不至于使其对批评者耿耿于怀。而教诲人，需要让对方如沐春风，少些空洞的论调，多些真心的鼓励，才能让对方积极地接受，从而达到自己诲人的目的。别人犯下错误时，抑制住冷言冷语，换位思考一下，不仅会增强批评教诲的实效，还会为自己的品行智慧加分增色。

坦诚相见， 温和以待

大凡一家人家，过日子，总得要和和气气。从来说：“家和万事兴。”

——《二十年目睹之怪现状》

一家和则万事兴，一个“和”字，既包括家人之间关系融洽，也包括人

与人之间坦诚相待。偌大的社会中都有可能有这样那样的摩擦，更何况是生活在一个屋檐下的家人亲戚。一个和睦的家庭并不是没有摩擦和争执，而是即使家庭成员有些过错，他们也懂得动之以情，晓之以理。

在家庭中，在社会中，难免有些磕磕碰碰的事情，只要和颜悦色地坦诚相待，那么，所有的不快、矛盾、隔阂也就化解冰释了。

晋代的许允在结婚那天带着新婚的喜悦和期待进入洞房。因为很多人都对自己的新娘赞不绝口，所以在许允的想象中，妻子一定美若天仙。可是，烛光下，许允看到的新娘并不美，而且有点丑。失望之极的许允默默地站了一会儿，便转身准备离开洞房。

新娘看到新婚丈夫要离开，急忙拉住他的衣襟说：“新婚之夜，你就不高兴。这是怎么回事呢？”

许允闷闷不乐地说：“你知道什么样的妻子是好妻子吗？”

新娘见丈夫一直用脊背对着自己，心有领会，便说：“古人说贤妻的标准是孝顺公婆、尊重丈夫、说话和气、干活利索，而且容貌姣好。我自知自己容貌一般，但是前几样我想我都能做到。容颜是天生的，我没法改变，可在其他方面我可以做得更好以弥补先天的不足。”

见许允仍不作声，她又说：“别人都夸赞你读书读得很好，那我问你，一个读书人应有的好品德，你有哪几种呢？”

许允哼了一声，也不看她一眼，说：“我全都具备。”

“你都具备？”新娘微微一笑说，“据我所知，读书人的基本品德之一就是以德论人而不要以貌取人，妄下断论。看人要看品德，而你却没有做到，这不是重貌轻德吗？这样，你还可以说自己具备所有的好品德吗？”

“这……这……”许允面红耳赤，答不出话来。

许允的妻子是贤惠的，她面对丈夫的不敬依然平静宽容，和颜悦色，坦诚地表达自己的品德观，从而感动了丈夫。

经过一段时间的共同生活和逐渐深入的了解，许允发现妻子确实很有见识，也很有才干，便由衷地敬重她，与她成为一对和睦的伴侣。

许妻劝诫丈夫的坦诚之心，不仅是一个家庭和睦的方法准则，还是一个人拥有融洽的人际关系的必要条件。其实生活中，和许允遇到的情况相近的问题是经常出现的，比如代沟隔阂、兄妹误解甚至为了家产对簿公堂。

这时，如果我们像最初的许允一样冷眼以对、恶语伤人，只会让问题更加恶化。相比之下，双方坦诚相待、心平气和地解决遇到的问题，才是有益于冰释前嫌的明智之举。

在家里，人与人之间能心平气和、坦诚相见，彼此能以愉快的态度和温和的言辞相待，于是父母兄弟之间感情融洽，没有隔阂，意气相投，这比起坐禅调息、观心内省要强万倍。

舍近求远， 得不偿失

舍近谋远者，劳而无功；舍远谋近者，逸而有终。

——《后汉书》

舍弃近处而去远处谋求你想要的东西，费尽心力也不会有什么收获；舍弃远处的而就从身边入手，不用辛苦就能有收获。要想感受到生活的情趣并不在东西的多寡，即便一小池清水，几块怪石，也可欣赏到山水间无尽的景色；领悟自然的美丽不在远近，即便在草窗竹屋之下，也可以感受到清风明月的悠闲。

会心不在远，得趣不在多。美景不在别处，就在身边。

一位伟人说得好：“敢问图书馆中在座的诸君，谁不曾梦想浪迹天涯？几乎每一个读书人在年轻的时候都有一种浪迹天涯的冲动。远方充满了神秘的召唤，未知的东西总是披着浪漫的色彩。我们常常以为好的在远处，总以为未接触过的事物中埋藏着惊喜，总以为陌生的人和事会与自己生活中的不一样，所以，做了许多徒劳无功的事情。之后再回到起点，才发现其实自己想要的就在不远处，之前的种种努力不过是自作聪明，这就是‘舍近求远’的本质”。“舍近求远”造成了无数失去之后的捶胸顿足，无数次众里寻他中的擦肩而过。它让人们错过机遇，将努力空掷。

农夫阿利生活殷实，一天，一位老者拜访他，这么说道："倘若你能得到拇指大的钻石，就能买下附近全部的土地；倘若能得到钻石矿，还能够让自己的儿子坐上王位。"

钻石深深地吸引了阿利的心，他从此对什么都不感到满足了。

经过辗转反侧的思考之后，第二天一早，他便叫起那位老者，请老者指教在哪里能够找到钻石。老者想打消他那些念头，但无奈阿利完全听不进去。老者只好告诉他："你在很高很高的山里寻找淌着白沙的河，倘若能够找到，白沙里一定埋着钻石。"

于是，阿利变卖了自己所有的地产，让亲人寄宿在街坊家里，自己出去寻找钻石。但他走啊走，始终没有找到要找的宝藏。他终于失望，在大海边投海死了。

故事并没有就此结束。

一天，买了阿利房子的人，把骆驼牵进后院，想让骆驼喝水。后院里有条小河。骆驼把鼻子凑到河里时，这个人发现沙中有块闪着奇光的东西。他立即把它挖出来，是一块闪闪发光的石头，他把石头带回家，放在炉架上。过了些时候，那位老者又来拜访这家人，进门就发现炉架上那块闪着光的石头，不由得奔跑上前。

"这是钻石！"他惊奇地嚷道，"阿利回来了！"

"不！阿利还没有回来。这块石头是在后院小河里发现的。"新房主答道。

"不！你在骗我。"老者不相信，"我走进这房间，就知道这是钻石啊。别看我有些唠唠叨叨，但我还是认得出这是块真正的钻石！"

于是，两人跑出房间，到那条小河边挖掘起来。过了一会儿，露出了比第一块更有光泽的石头，而且以后又从这块土地上挖掘出许多钻石。

事实不正是如此吗？在生活中我们常常舍近求远，到别处去寻找其实自己身边就有的东西。事实上，机遇往往就在人们身边，在人们心里。只要人们用心发现，享受当下，生活中处处都是美景。

真正聪明的人们应当关注正在做的事、待的地方、周围的人，全心全意地去接纳、品尝、投入和体验这一切。当人们专注于现在，没有过去拖在后面，也没有未来挡在前面，全部的能量都集中在这一时刻，生命便因此具有一种强烈的张力。

节约自持， 养心种德

俭，德之共也；侈，恶之大也。

——《左传》

“豪华奢侈绝得不到正常人的尊敬，只能换取马屁摇尾。而对于马屁精的摇尾，用更低廉的价格，照样可以购得。因此之故，任何情形下，节俭都是美德，不但能保持心灵，还能保护老命。”这是柏杨先生所说的“保护老命”。此言道理格外深刻。

挥霍的人无论多么富有，都会觉得空虚，节俭的人无论多么贫穷总会留有余裕。挥霍的富翁让人怨恨，节俭的穷人让人敬重，这是生活的真理。节俭美德自古就为圣贤所提倡，“俭，德之共也”讲的就是勤俭节约是完善品格、保持操守的必要条件。

老子曾说：“吾有三宝：一曰慈，二曰俭，三曰不敢为天下先。”意思是：“我有三件法宝，第一件是慈爱；第二件是节俭；第三件是不敢居于天下人的前面。”其中“节俭”是老子的“三宝”之一。

另外，历史上的很多明君也都是提倡节俭的人。比如历史上最著名的汉文帝，一生节俭，从不敢铺张浪费。正是从他开始才缔造了“文景之治”，为后来的汉武大帝创造了丰富的物质基础、奠定了百姓安居乐业的社会局面，因此历史上说“德莫高于汉文”。

所以，有句话说：“节约是穷人的财富，富人的智慧。”一点也不错。世上所有财富的起点都是节俭。而节俭并不复杂，它所需的只是随手关紧水龙头的细心、转身关掉灯的小节，一点一滴之中节俭的美德渐成。

1924 年，弘一法师到普陀山居住七天，他每天早上仅仅喝一大碗稀饭，而且连菜都没有，其原因是他吃习惯了三十多年的白粥。中午也仅仅

是一碗饭、一碗大众菜。他每次吃完饭都会用舌头将碗舔一遍，将食物吃得干干净净，然后用开水冲入碗中，再喝下去，唯恐有剩余的饭粒造成浪费。

他不仅对自己要求严格，而且对别人也进行劝诫。如果他看见客人吃完饭后碗中还有剩余的饭粒，那么，他便会特别生气地训斥道："你有多么大的福气，竟然如此糟蹋?"如果有客人将冷茶倒掉，他也同样会加以呵斥。

在我们的实际生活中，虽然不一定要将节俭进行到粗茶淡饭的地步，但至少严格要求自己不浪费不挥霍还是要做到的。在中国老一辈人心中流传着这样一种说法，说每个人入世前，上天早已按照实际情况规定了这个人一辈子吃穿住用行所需要的数量，所以这时的浪费就意味着明日的短缺。不管这种说法科学还是不科学，至少它说明了节俭的必要性。

养成节俭的良好习惯对一个人来说，是非常重要的，无论是好日子还是苦日子，都把节俭进行到底。因为，世界上没有用之不竭的资源，一个人也不可能有取之不尽的财富。虽然现代很多人都没有经历过粮食短缺、生活紧俏的日子，但是如果因为没有经历过或者认为以后也不会经历，就不珍惜眼前拥有的，那么这样的人是可悲的。

其实，财富不过是人生的辅助工具，它可以帮助我们营造有品位、有质量的生活，但是挥霍财富和品质生活之间不能画等号。因为品质生活不仅体现在物质层面，它还必须蕴涵丰富的精神活动，如果生活偏财富而废精神，那么一个人越是奢侈就越会显得越没有品位。

所以我们的生活的最高境界不是拥有无限的财富，挥霍财富让人庸俗，节俭反而会让人在简单的生活中获得幸福与快乐。

摒弃杂念，心无旁骛

身是菩提树，心如明镜台，时时勤拂拭，勿使惹尘埃。

——佛语

水没有波浪就自然平静，镜子没有灰尘就自然明净。所以人的心并不需要刻意去追求什么清静，只要去掉了私心杂念，就自然会明澈清静；快乐不必刻意去寻找，只要远离那些痛苦和烦恼，快乐就自然会呈现。

诸葛亮在《诫子书》中说："非淡泊无以明志，非宁静无以致远。"意思是一个人在社会中生活，若淡泊名利等身外之物，便可以真正明确自己的志向，若心无旁骛地投入某项你所钟爱的事业中，便可以实现远大的目标。这是诸葛亮一生的真实写照，亦是给我们后人的警示名言。

为世俗名利所困扰，就算成功了，得到的也只是物质丰裕的快感，缺少"闲居无事可评论，一炷清香自得闻"的那派悠然。

一个皇帝想要整修京城里的一座寺庙，他派人去找技艺高超的设计师，希望能够将寺庙整修得美丽而又庄严。

后来有两组人员被找来了，其中一组是京城里很有名的工匠与画师，另外一组是几个和尚。由于皇帝不知道到底哪一组人员的手艺比较好，于是就决定给他们机会做一个比较。皇帝要求这两组人员各自去整修一个小寺庙，而这两个组面对面。三天之后，皇帝要来验收成果。

工匠们向皇帝要了一百多种颜色的颜料（漆），又要了很多工具；而让皇帝很奇怪的是，和尚们居然只要了一些抹布与水桶等简单的清洁用具。

三天之后，皇帝来验收。

他首先看了工匠们所装饰的寺庙，工匠们敲锣打鼓地庆祝工程的完成，他们用了非常多的颜料，以非常精巧的手艺把寺庙装饰得五颜六色。

皇帝满意地点点头，接着回过头来看看和尚们负责整修的寺庙。他看了一下就愣住了，和尚们所整修的寺庙没有涂上任何颜料，他们只是把所有的墙壁、桌椅、窗户等都擦拭得非常干净，寺庙中所有的物品都显出了它们原来的颜色，而它们光亮的表面就像镜子一般，无瑕地反射出从外面而来的色彩。那天边多变的云彩、随风摇曳的树影，甚至是对面五颜六色的寺庙，都变成了这个寺庙美丽色彩的一部分，而这座寺庙只是宁静地接受这一切。

皇帝被这庄严的寺庙深深地感动了，当然我们也知道最后的胜负了。

人的心就像是一座寺庙，不需要用各种精巧的装饰来美化，需要的只是让内在原有的美，完整地显现出来。

俗话说，人心不足蛇吞象。永不满足的欲望一方面是人们不懈追求的原动力，成就了“人往高处走，水往低处流”的箴言；另一方面也是“有了千田想万田，当了皇帝想成仙”的人性弱点。

在生活中，人们总喜欢抓点什么，房子、金钱、名利……抓得自己精疲力竭。其实，心安人静，若以宁静而无杂念的心去看世界，虽然它并没有变样，你却能享受到那份平淡中的永恒。

即使拥有整个世界，一天也只能吃三餐。这是人生思悟后的一种清醒，谁真正懂得它的含义，谁就能活得轻松，过得自在，白天知足常乐，夜里睡得安宁，走路感觉踏实，蓦然回首时没有遗憾！

成家立业皆须勤俭有度

即今世运艰屯，而一家之中，勤则兴，懒则败。

——曾国藩

霍光作为汉昭帝最重要的辅政大臣，总揽朝政大权几近二十年。作为西汉历史上一个极为重要的政治人物，他既为汉室的安定和中兴建立了卓越的

功勋，同时也成为后世解说“生于忧患，死于安乐”的常用话题。

当年借着霍光的权势，霍家的儿孙多少在朝中有些权势。而且他们常常挥霍无度，亭台楼阁修建无数，宴游无度，生活极尽奢华，对人对事极为专横无礼。曾经有一个书生见霍家如此便预言道：“霍氏必亡！夫奢则不逊，不逊必侮上，侮上者，失道也。在人之右，众必害之。霍氏秉权日久，害之者多矣。天下害之，而又行以逆道。”就是说，霍氏现在的挥霍无度、目中无人，必为后日的灭亡埋下隐患。

后来，果不其然。不仅他自己被杀，他的家人儿孙也未能幸免于难。

霍光一生的起伏，是留给后人的治家启示。如果问祖先给我们留下什么恩德，那么我们现在所享受的生活就是，因此应当时时感谢祖先们创造积累的艰辛；如果问子孙后代会享受到什么样的福分，那么只要看我们所留下恩泽的多寡就知道，同时，要考虑到毁坏这些家业是很容易的。

纵观人类家业兴衰的历史经验和教训，其内在规律往往是：勤则兴，懒则败。这正如曾国藩在家书中告诫子弟时说的那样：“历览有国有家之兴，皆由克勤克俭所致。”他还说：“即今世运艰屯，而一家之中，勤则兴，懒则败。”如果子孙后代精神懈怠，不勤不俭，万千家业，也会在朝夕间倾覆。历代的开国皇帝大多懂得打江山难、守江山更难的道理，所以他们更能懂得节俭对于一个国家的重要性。

宋国的开国皇帝赵匡胤即便身居万人之上的至尊之位，仍然生活俭朴，反对奢侈，还严格教育子女，要求他们生活上也讲究俭朴。

有一次，他的女儿魏国长公主，穿着一件翠羽绣饰的华丽短袄去见他。宋太祖见了很不高兴，严厉地斥责女儿后命令她立即回去改换朴素的衣服，并禁止公主以后再穿如此贵重的衣服。

魏国长公主很不理解：“宫里翠羽很多，我是公主，一件短袄只用了一点点。有什么要紧？”

宋太祖严厉地说：“正因为你是公主，所以才不能恣意享用。你想想，你身为公主，穿了华丽的衣服到处炫耀，别人就会仿效。全国不知要浪费多少钱财在昂贵的翠羽上。按照你现在所处的地位和生活，本应该以身作则、十分珍惜才对，你怎么能身在福中不知福还带头铺张浪费呢？”

公主无言以对，只好脱去那件美丽的翠羽短袄，但耿耿于怀，便想找个话茬试试自己的父亲。她想：“您既然是皇上，又是我父亲，对我要求那么严

格，看您对自己要求怎么样?”于是，她向宋太祖试探性地问：“父皇，您做皇帝时间也不短了，进进出出老是坐那一顶旧轿子，和您的至高无上的地位很不协调，不如用黄金装饰装饰!”

宋太祖对女儿的这番话很是无奈，但仍然心平气和地说：“我是一国之主，要把整个皇宫装饰起来都轻而易举，更何况只是一顶轿子！但古人说得好：‘让一人治理天下，不能让天下人供奉一人。’倘若我自己带头奢侈，必然有更多的人学我的样子。到那时，天下的老百姓就会怨恨我、反对我。你说我能带这个头吗?”

公主一边听着，一边琢磨着每一句话，再看看皇宫里的装饰也很朴素，连许多窗帘都是用青布制作的。公主觉得父亲说的话确实有道理，于是就诚心诚意地向父亲叩头谢恩。

一个国家的千秋万代离不开节俭，一个家族，要想让家族的事业永续发展，也必须懂得勤俭的重要性。

在我们的现实生活中，大多数人没有那么多的家产需要传承，但是，无论钱多钱少，权轻权重，我们都要把勤俭持家的美德告诉给我们的下一代，并在生活中以身作则、言传身教。让他们懂得今天的生活凝聚了长辈们的辛勤劳作，对别人的劳动成果不珍惜，就是对别人的不负责。同时也要嘱咐他们把这种教诲传给他们的下一代。世世代代下去，家业无论大小总会得到延续。

不暴怒， 不轻弃

亲有过，谏使更；怡吾色，柔吾声。

——《弟子规》

《弟子规》教导我们，家里有人犯了过错，要耐心地劝说他们改正；并且

态度要诚恳，和颜悦色，声音要柔和，而不应该大发脾气，也不应该轻易地放弃不管。如果这件事不好直接说，可以借其他事来提醒暗示，使他知错改正。今天不能使他醒悟，可以过一些时候再耐心劝告。这就像温暖的春风化解大地的冻土，暖和的气候使冰消融一样，是处理家庭琐事的典范。

对于每一个人来说，家庭是我们出生的地方，也是我们老去长眠的地方。我们会在父母的照顾下长大，会在妻女的陪伴下像我们的父母那样走向衰老，会在天伦之乐中安度晚年，走向死亡。在人生这个角色转换的轮回里，家庭就像一个微型的社会和交际网络，在这里有我们的欢笑和幸福，有悲伤和抚慰，也有争吵和误解。一个和睦的家庭以幸福、欢笑为主线，以悲伤、抚慰为点缀，并用如春风般的和气化解争吵和误解。

人非圣贤，孰能无过？我们的家人也不例外。而且由于时代的变迁、年龄的增长、家庭的变故等种种原因，家庭成员之间出现误会隔膜也是十分正常的事。但是面对错误和隔膜，不同的处理方式会有不同的结果。在众多的处理方式中，体谅、和气等美德往往是最能发挥作用的。

孔子的七十二位贤弟子中，有个叫闵子骞的人。这个人幼年丧母，父亲再娶后，又常受继母忽视和冷落。继母将大部分的时间、精力和爱给了自己的两个亲生儿子，而对闵子骞常常冷言冷语，偏心十分严重。

有一年冬天，继母同时给三个孩子做了新的棉袄。在一个大风雪的日子，他们的父亲带着三个孩子外出。四个人一同坐在牛车上，虽然迎着风雪，但是大家都面露喜色。

可是随着赶路的时间越来越长，继母的两个儿子只是感觉到寒冷而缩起了脖子，而闵子骞虽然也穿了继母给自己做的新棉袄，但却感到寒冷难耐，手脚也渐渐失去了知觉，甚至连扶住牛车栏杆的力量都没有了，最后他跌下了牛车，他的棉袄也在滚动的过程中被刮破了。

父亲赶忙扶起自己的儿子，却无意中发现从破洞中飘出的芦苇絮。原来继母在给三个孩子缝棉袄时，给自己孩子用的是棉花，而给闵子骞用的则是芦苇絮。

父亲气得暴跳如雷，驱车就往回赶。一进门就喊："你太歹毒了，做人母亲的人怎么可以这么偏心呢？"说着就要把他的妻子往外赶。这时闵子骞却跪在了地上，抱着父亲的腿说："您就饶了母亲这一次吧。如果母亲走了，就不只我一个人受冻了。"

闵子骞的这番话感动了自己的父亲，也感动了他的继母。从此，继母对他视如己出。

虽然闵子骞受到过继母不公平的待遇，但是关键时刻，他用自己的爱心挽救了已有可能走向破裂的家庭。对重组的家庭来说，体谅和宽容都可以弥合裂缝，更何况是血脉联系更加紧密的家庭呢?

在我们的实际生活中，每个家庭都有自己的问题和苦恼，然而所有的问题和苦恼都不是无法解决的。家庭的和睦用心营造，亲人之间的心结也要靠宽容、体谅这些美德来解开。面对家人的过错和误解“不宜暴怒，不宜轻弃”，具体说来可以包括三点：

第一，正视家人之间的误会并允许误会的发生。一个误会的发生就意味着清除一个生活的雷区。弃之不顾，只会给生活埋下隐患。

第二，冷静处理，说话要注重分寸，不要动手，更不要轻易发怒，因为这样做只会让误解更深。大家坐下来好好谈一下，试着从他人的角度来想问题，反而会收效良好。

第三，解决问题要公正，不可有所偏倚。

顺其自然，不汲汲而求

孰能浊以止，静之徐清。孰能安以久，动之徐生。

——《道德经》

【智慧品读】

天神把一捧快乐的种子交给幸福使者，让她到人间去撒播。

临行前，天神仍不放心地问：“你准备把它们撒在什么地方呢?”

幸福使者胸有成竹地回答说：“我已经想好了，我准备把这些种子放在最深的海底，让那些寻找快乐的人，经过惊涛骇浪的考验后，才能找到它。”

天神听了，微笑着摇了摇头。

幸福使者思考了一会儿，继续说："那我就把它们藏在高山之上吧，让寻找快乐的人，通过艰难跋涉才能发现它的存在。"

天神听了之后，还是摇了摇头。

幸福使者茫然无措了。

天神意味深长地说："你选择的这两个地方都不难找到。你应该把快乐的种子撒在每个人的心底。因为，人类最难到达的地方，就是他们自己的心灵。"

岁月本来是很漫长的，而那些忙碌的人自己觉得时间短暂；风花雪月本来是增添闲情逸致的，而那些庸庸碌碌的人却觉得多余；幸福本来洒落在生活的每个角落，而那些脚步匆忙的人却没有发现幸福的眼睛。

世上许多人钻营、忙碌了一辈子，究竟为谁辛苦为谁忙？到头来自己都无法回答。

《道德经》说："孰能浊以止，静之徐清。孰能安以久，动之徐生。"谁能够有条理、循序渐进地扭转混乱的局面？谁能够在人们都长久偷安的时候，伺机而动，创造生机？

其实，真正的动，是明明白白又充满意义的"动之徐生"，心平气和，才能生生不息。"动之徐生"是做人做事的法则，做一切事都不急不躁、不乱不浊，一切悠然"徐生"，态度从容，怡然自得。

人生是不可避免的"劳生"，但"劳生"更要"徐生"。如果每个人都疲于奔命的话，会错失很多生活乐趣的。适时放慢脚步，给自己留一些心灵时间，去体味幸福，才是从容之道。

忙碌的现代生活中，总免不了有如此的情况：到了吃饭的时间，一点饥饿感都没有，但又觉得不吃不行，不得已强迫自己硬塞些东西落肚，方能心安理得；到了睡觉的时间，尽管一点睡意都没有，但观念上觉得该睡，就告诫自己一定要睡，翻来覆去，更加无法入眠。吃饭和睡觉，本是再简单不过的事情，然而，单从这些事情上，也能看得出人与人之间的差别。

一天，有源禅师来拜访大珠慧海禅师，请教修道用功的方法。

他问慧海禅师："和尚，您也用功修道吗？"

禅师回答："用功！"

有源又问："怎样用功呢？"

禅师回答："饿了就吃饭，困了就睡觉。"

有源有些不解地问道："如果这样就是用功，那岂不是所有人都和禅师一

样用功了？”

禅师说：“当然不一样！”

有源又问：“怎么不一样？不都是吃饭、睡觉吗？”

禅师说：“一般人吃饭时不好好吃饭，有种种思量；睡觉时不好好睡觉，有千般妄想。我和他们当然不一样。”

吃饭、睡觉，是所有人都必须过的日常生活，即便是圣人也不例外，但差别也正在于此。学者冯友兰先生说：“圣人的生活，原也是一般人的日常生活，不过他比一般人对于日常生活用品了解更为充分。了解有不同，意义也有了分别，因而他的生活超越了一般人的日常生活。”这里所谓的“超越”，实际上指人能放平心态，该休息时休息，该娱乐时娱乐，该工作时工作。

只要人们心胸宽广，顺随自然，不汲汲而求，应缓则缓当急则急，就不仅不会耽误日常的工作和学习，还可以使身心得到充分的放松和修养。

以舍为得，关爱他人

禹思天下有溺者，由己溺之也；稷思天下有饥者，由己饥之也，是以如是其急也。

——《孟子》

【智慧品读】

当父母兄弟、骨肉至亲发生矛盾时，我们应该保持沉着、从容的态度，不能因感情用事而变得冲动，做出过激的事情，最终把事情弄得更加无法收拾；好朋友如果有什么过失，就应该直言不讳地诚恳劝阻，绝对不能因为是朋友就不好意思直说，从而保持沉默，眼睁睁地看着他继续错下去。救人于危难之间，是一个人难得的品质，不仅能够帮助别人，也能够迎得别人的尊重。

人的一生不可能一帆风顺，难免会碰到失利受挫或面临困境的情况，这时候最需要的就是别人的帮助，雪中送炭的帮助会让原本无助的人记忆一生。

人们总是可以敏感地觉察到自己的苦处，却对别人的痛处缺乏了解。他们不了解别人的需要，更不会花工夫去了解。

骆统，三国时期吴国会稽（今江苏苏州）乌伤人，他的父亲为袁术所害，母亲改嫁做了华歆的妾。

骆统8岁那年，跟随一位亲戚从母亲那里回老家会稽，母亲为他送行。骆统拜辞了母亲，头也不回地走了。母亲哭得很伤心。车夫对骆统说："老夫人还在那里伤心落泪呢，你回去劝慰一下吧。"骆统说："我就是为了不增加母亲的痛苦和思念才不回头劝慰的。"骆统对母亲很孝顺，性格慈悲，乐善好施。

有一年闹饥荒，粮食歉收，乡邻及远方的亲友们缺吃少穿，生活非常困难。骆统很想救济他们，但是家中又没有那么多的粮食，因此终日悲伤，不思饮食。

他的姐姐仁爱有德行，因为丈夫刚去世，暂时回娘家居住。她见弟弟天天满脸戚色，饭量日减，便问他有什么为难之事。骆统说："乡邻亲友们都没有粮食吃，我哪里忍心独自吃饭呢!"姐姐说："原来是因为这件事，你为什么不早告诉我，而折磨自己到这等地步呢?"她就把自己家中的粮食拿出来送给骆统，又把这事告诉了母亲，母亲很是赞赏姐弟俩的义行。

骆统把粮米全部分送给乡邻，帮助他们度荒自救。乡邻们很是感激，骆统也因此美名传遍乡里。

虽然很少有人能达到骆统这样"人饥己饥，人溺己溺"的境界，但我们至少可以随时体察一下别人的需要，时刻关心朋友，帮助他们脱离困境。当朋友身患重病时，你应该多去探望，多谈谈朋友关心的感兴趣的话题；当朋友遭到挫折而沮丧时，你应该给予鼓励："这次失败了没关系，下次再来。"当朋友愁眉苦脸、郁郁寡欢时，你应该亲切地询问他们。这些适时的安慰会像阳光一样温暖受伤者的心灵，给他们希望。

患难之中见真情，无论是亲人还是朋友，当其遇到变故，或是身处逆境之时，我们不可以不闻不问，也不可以感情用事，而应该从容处变，关爱他人，这也是为人的一种责任。

克勤于邦，克俭于家

不受曰廉，不污曰洁。

——王逸《楚辞章句》

【智慧品读】

公、廉、恕、俭，应该属于道德范畴，是一种摒弃一己之私的高风亮节；是一种清白磊落的处世姿态；是一种宽厚博大的胸襟气量；也是一种修身养德的为人之道。

对于领导者来说，公正、廉洁乃立身之本。公生明，廉生威，只有公正无私才能明断是非，只有清明廉洁才能树立威信。不受曰廉，不污曰洁。古人云："有威则可畏，有信则乐从，凡欲服人者，必兼具威信"。若身有正气，即便清贫如洗，也能够不言自威，相反，如若是贪恋细利而徇私枉法，即便是位高权重，在人们眼中也仅是蝼蚁之轻。

历史上，有个叫张伯升的人，他任福建巡抚时，是在1707年7月。他刚刚到任的时候，看到署衙陈设非常豪华，富丽堂皇，金银器皿一应俱全，锦绣帷幕闪闪发光。他立即招来役吏询问原因。役吏向他解释说："这是按照惯例办事的，抚院到任，行户必须准备好，符合规格。"张伯升说："我从来没有享受过这么好的物件，不必讲究那么多，快撤下去，行户就是百姓，难道我上任这点小事，也要向百姓滥派赋税吗？"结果这些东西都物归原主了。他的家人想留下几件东西，他严词制止了。

他命役吏把前任留下来的旧物品和仆人交给他使用。巡抚向来有家丁50人，其所领的兵粮全归巡抚调派。张伯升说："我家都是庄农，弓箭刀枪我不懂，怎么能冒名欺骗朝廷呢？"便下令不用士兵。同时，他把兵粮全数退回兵部，并予备案。张伯升因自己的廉洁奉公，受到百姓的敬重，他的事迹被人们传为美谈。

渴不饮盗泉水，热不息恶木阴。张伯升的故事，恰恰印证了“公生明，廉生威”的道理。从他的身上我们可以看到，至“公”和至“廉”，不能靠几句冠冕堂皇的空洞口号，关键在于人们是否能够脚踏实地躬行实践，在于人们是否能够在点滴小事上认真对待。

至于治家立业，“俭则用足”，只有节俭家用才能充足。春秋战国时期的季文子就是一个克勤于邦、克俭于家的楷模。

季文子出身于鲁国的贵族世家，但是他却能够克勤克俭，以节俭立身。他不仅自己生活俭朴，衣着朴素，马车简单，而且也要求家人勤俭节约。

很多人都不理解他的这种行为，有人劝他说：“您身为上卿，德高望重，但您在家里不准妻妾穿丝绸衣服，也不用粮食喂马。您自己也不注重容貌服饰，这样不是显得太寒酸，让别国的人笑话您吗？这样做也有损我们国家的体面，人家会说鲁国的上卿过的是一种什么样的日子啊。您为什么不改变一下这种生活方式呢？这于己于国都有好处，何乐而不为呢？”

季文子听完却不以为然，回答道：“我也希望把家里布置得豪华典雅，但是看看我们国家的百姓，还有许多人吃着粗糙得难以下咽的食物，穿着破旧不堪的衣服，还有人正在受冻挨饿。想到这些，我怎能忍心去为自己添置家产呢？如果平民百姓都粗茶敝衣，而我则装扮妻妾，精养粮马，这哪里还有为官的良心！况且，我听说一个国家的富强，只能通过臣民的高洁品行表现出来，并不是以他们拥有美艳的妻妾和良骥骏马来评定的。既如此，我又怎能接受你的建议呢？”

听完这一番话，那人羞愧不已，内心对季文子也愈发敬重起来，于是，也仿效季文子勤俭节约。此事在鲁国上下传为佳话。

静以修身，俭以养德。人们看到季文子外在的节俭，钦佩他内在的德性。从小处来说，节俭是一种将心比心的善良，是一种尊重他人的表现。

古人云：“一饭一粥，当思来之不易；半丝半缕，恒念物力维艰。”我们的衣食住行很大程度上都来自于他人的劳动成果，人们对他人劳动成果的尊重也是对他人价值的肯定。

从大处说，勤俭对于大事业的成就也是十分关键的，“历览前贤国与家，成由勤俭破由奢”说得正是这个道理。不管是从立德来讲，还是从立业着眼，勤俭无小事。

乐享天伦， 誓报亲恩

入则孝，出则悌。

——《弟子规》

【智慧品读】

家庭是由天伦骨肉关系来的，在家庭骨肉之间特别重情感，而人在感情盛的时候，常常是只看见对方而忘记了自己。中国自古就强调家庭文化，主张建立父慈子孝、兄友弟恭、夫唱妇和的和谐家庭。特别是对孝悌之礼尤为注重，如："百善孝为先""父母在，不远游""惟孝顺父母，可以解忧""入则孝，出则悌"等。

无论是孝敬父母，还是尊敬兄长、友爱弟妹，都是一种理所当然的天理伦常。这些都是发自内心的情感，真心地为他们做事，竭尽全力，不求回报，不分彼此，风雨同舟，乐享天伦。

郯子是周朝人，祖上世代以耕种为生。老实巴交的父母，披星星戴月亮地一年到头苦苦劳作，也只是混个半饥半饱。这年赶上闹灾荒，田里收成不济，日子越发艰难，父母忧急交加，一时心火上攻，双双眼睛失明，这可急坏了小小年纪的郯子。

为了给父母治病，郯子每天半糠半菜地侍奉双亲充饥后，就到处求人，寻医问药。一天，郯子到深山采药，路过一座庙宇，便进去讨口水喝。他见方丈童颜仙骨，就向他请求治疗眼病的方法。老方丈问明缘由，沉吟一下说："药方倒有一个，恐怕你采不来。"

"请说，我舍命去采！"

"鹿奶，鹿奶可以治眼疾。"

郯子听了，立即叩头谢过老方丈，飞步赶往鹿群出没的树林中。这里的鹿确实不少，可它们蹄轻身灵，一见有人靠近，就一阵风似的飞快逃去。

怎样才能弄来鹿奶呢？郯子绞尽脑汁，昼思夜想。一天，他见村东头猎户家的墙头上晒着一张鹿皮，忽地眼前一亮：把鹿皮借来，披在身上，扮成小鹿的模样，不就能悄悄接近鹿群了吗！于是，郯子迫不及待地走进猎户家，说明来意。好心的猎户欣然地把鹿皮借给了他，还指点郯子如何模仿小鹿四肢跑跳的动作。经过多次演练，郯子竟然能举腿投足都像一只活脱脱的小鹿了。

第二天，郯子用嘴叼着一只木碗，悄悄地蹲在树林里。待鹿群走近时，披着鹿皮的郯子像一只小鹿似的不紧不慢地凑到一只母鹿身边，轻手轻脚地挤了满满一木碗鹿奶。直到鹿群走开了，他才站起身来，捧着鹿奶直奔家中。

从那以后，郯子多次用扮成小鹿的办法，去挤母鹿的奶汁。父母由于常常喝到鲜美的鹿奶，营养不良的身体一天天强壮起来，后来，失明的眼睛，果然奇迹般地恢复了光明。

郯子用他的行动证明了他的孝心，谱写了一首美妙的情感之曲。孝悌是人的一种本能。古人讲“求忠臣必于孝子之门”，一个人对父母家庭有真感情，如果出来为天下国家献身，就一定有责任感。换言之，忠就是孝的发挥，就是扩充了爱自己父母的心情，爱别人，爱国家，爱天下。

“子之爱亲，命也”，儿女爱父母，这是天性，人不孝其亲，不如禽与兽。兄弟姐妹的关系也如同这父母子女之间的关系一样，是没有什么道理可讲的，互相理解，彼此信任，情同手足。

假如“父慈子孝，兄友弟恭”夹杂有丁点功利的味道于其中，便不再是纯粹的亲情，此时的付出只是希望得到对方的回报，那么至亲的亲人之间同陌生人相比没有区别，发自内心的骨肉之情与市面上世俗的交易也没有区别，人与人之间也就少了些纯粹的真诚的人情味。

第八章

谨慎择友， 识人于微是为人处世的法宝

侠心交友， 素心做人

交友须带三分侠气，做人要存一点素心。

——《菜根谭》

范仲淹在泰州当官的时候，结识了当时年仅二十岁的富弼。初次见面范仲淹就为富弼的才华所折服，对他大为欣赏，认为他有王佐之才，并把他的文章推荐给当时的宰相晏殊，还替他做媒，让他做了晏殊的女婿。

几年以后，山东一带多有兵变，有些州县的长官为了明哲保身，不仅不抵抗乱兵侵扰，还开门延纳，送礼讨好。后来兵变被镇压，朝廷派人追究这些州县长官的责任。

富弼得知此事后，便生气地说："这些人都应该被判死罪，否则的话，就没有人再提倡正气了。"

范仲淹对这件事的态度却迥异于富弼，他说："这些县官进行抵抗的话，又没有兵力，只是让百姓白白受苦罢了。他们这种做法，大概是为了保护百姓采取的权宜之计。"

二人意见不同，争执起来。

有人劝富弼说："你也太过分了，你难道忘记范先生对你的大恩大德了吗？你考中进士后，皇帝就下诏求贤，要亲自考试天下的士人。范先生听到这个消息以后，马上派人把你追回来，还给你准备好了书房和书籍，让你安心温习考试。如果不是范先生的义举，你岂能被皇帝赏识、谋得今天的成就地位？"

富弼却回答说："我和范先生交往是君子之交，范先生举荐我并不是因为我的观点始终和他一样，而是因为我遇到事情都有自己的主张。我怎么能为了报答他举荐我的恩情而放弃自己的主张呢？"

范仲淹听说这件事后，欣喜地说：“我果然没有看错富弼。恩情是一回事，主见又是另一回事，富弼懂得不因其中的任何一方而让另一方贬值。这就是我欣赏他的原因之一。”

范仲淹对富弼的举荐出于侠义，对富弼的理解则出于素心。前者让他不能眼看着富弼和机遇擦肩而过，后者使他在遭到反驳时仍能公私分明。范仲淹和富弼的这件事很好地诠释了“交友须带三分侠气，做人要存一点素心”这一句话。

“侠”是中国传统文化的一个方面，它尊崇坦荡无私、患难与共的精神。没有了刀光剑影，“侠”在交友的过程中，强调放下自我、为朋友赴险难、同大家共享安福。而“素心”则是一种修身养性的境界，它是一种朴实无华、纯净无私的心灵境地。为人处世的过程中，拥有一颗素心就要心胸坦荡、知足常乐。《菜根谭》之所以会把这两者并谈，实在是因为只有同时拥有这两样品质，我们才能在实际交往中于人无害，于己无憾。

如果真的把“君子之交”比做一弯溪流的话，侠义让这水流不断，哪怕朋友之间意见不合，也不会分道扬镳；而素心则保证着水流的清澈，人心不坏，才能细水长流。

在我们现在的生活中，君子之交仍保留着不乘人之危、不落井下石的内涵和简单丰富的真谛。交友过程中，不失侠气，义字当先，我们就不会失去珍贵的友谊；做人时，随俗而不随波逐流、不见利忘义，始终保持纯粹的心境，我们就会品出平凡生活中的滋味。

明察秋毫，识人于微

君子之交淡如水，小人之交甘若醴。

——《庄子》

曾国藩总是自谦说自己天生资质不高，如果仅靠自己的努力很难取得进

步，所以就要借助外在的力量来提升自己，朋友就是最重要的力量，也因此，他一生对友情都很珍惜。

曾国藩正是看到了朋友的重要性，所以择友十分慎重，那些油嘴滑舌、口蜜腹剑的人，曾国藩往往敬而远之。他深知，君子之间的交往就像是水一样清淡，而小人只是基于酒肉和口头上的交往；而对于胸中有真才实学、品行正直的人，曾国藩却甘为人梯，慷慨引荐，即便是朋友之间闹了矛盾，曾国藩也能放下架子，主动与之冰释前嫌。也正是身边的这些朋友，成就了他后来的大事业。

他不仅自己是这样做的，还再三如此告诫弟弟。他曾在信中特意叮嘱弟弟们说："韩愈说过：'贤人不和我交往，我也要鼓足勇气主动和他交往；不贤的人即便是接近我，我也要坚决地拒绝他！'"

人的言谈举止是心灵的密码，细细观察一个人的神色气韵、举手投足，就可以从中品读出这个人的内心世界。

内心和善的人无论何时何地都显得安然祥和，一个生性凶恶的人再怎么百般掩饰，也总能让人感觉他暗藏杀机。识人交友要多方面地考察、推究，切不可被表里不一的人迷惑。

我们在实际生活中会遇到形形色色的人，有的诚实、率真、胸无城府；有的则虚伪、圆滑、两面三刀。面对这种复杂情况，做人如果不保持内心明慧、明察秋毫，就很有可能被人欺骗、利用。

唐朝有一个叫吕元膺的人，这个人在交友上就独具慧眼，明察秋毫。

吕元膺任东都洛阳留守时，有和门客下棋的习惯。有一次，吕元膺和一名下级官吏一边下棋，一边批阅公文。这小官为了获胜，就趁吕元膺改公文的时候偷换了一枚棋子。等吕元膺回过神来再下棋时，棋局已变，而且自己必输无疑。其实，小官的这个小动作已被吕元膺看在眼里。只是为了顾全对方的面子，吕元膺不好当即拆穿他，就做出甘拜下风的样子结束了这盘棋。

第二天，吕元膺又把这个小官吏请到了自己的府上。小官吏本以为自己凭借一盘棋获得了吕元膺的赏识，十分兴高采烈。不想吕元膺说了半天话，关于提拔却只字未提。正当小官吏心里打鼓时，吕元膺客客气气地对他说："我这儿机会有限，难免会影响你施展抱负，如果你想有更好的发展，还是另谋高就吧。"说罢，他命人呈上已经准备好的礼物，亲自为他送行，让他离开了自己的辖地。当时很多人对他的做法很是不理解，但是无论别人怎样询问，吕元膺都只是顾左右而言他。

直到病危前夕，他嘱咐自己的儿孙时才道出真相，说："十多年前我在东都时，为了这么一枚棋子辞却了一个和我交往甚好的门客，并且再也没有和他有过任何来往。说起来，他偷换一枚棋子本是小事一桩，但我却从中看到他的心术不正。后来果然不出我所料，这个人因贪赃枉法而丢掉了性命。别人误解我也好、说我无情也罢，我只是想让你们明白：为人处世，识人交友一定要认真对待，切不可被表象蛊惑。"说罢，他坦然地闭上双眼，溘然长逝。

吕元膺明察秋毫，识人于微，可谓明智。判断一个人的思想境界如何并不能只听这个人的一面之词，也不一定要等到他犯了什么大错才有所顿悟，透过很多微小的细节就可以定夺了。

一个人一生的成败，和朋友的品德有很大关系，不能不慎重。"君子之交淡如水"，如果在生活中能够结交一些志向远大的朋友，就可以和你互相激励，共同进步；如果能交一些敢于指出自己缺点的"诤友"，就能让你及时改正自己的错误，少走些弯路；如果能够交一些可以和自己性格、气质差别较大的能够形成"互补"的朋友，扩大自己的交际圈，可以取长补短，给自己带来更多的启发，更有利于自己的成长。

就像孔子所说："与善人居，如入芝兰之室，久而不闻其香，即与之化矣。与不善人居，如入鲍鱼之肆，久而不闻其臭，亦与之化矣。"与品行优良的人交往，就好像进入了摆满芳香的兰花的房间，久而久之闻不到兰花的香味了，这是因为自己和香味融为一体了。和品行不好的人交往，就像进入了放满臭咸鱼的仓库，久而久之就闻不到咸鱼的臭味了，这也是因为你与臭味融为一体了。

墨子更形象地把择友比作染丝，人就像白色的丝线一样，随着染料颜色变化，丝的颜色也改变。反反复复可以改变多次。朋友就好比染料，所以想变成什么样的人，就要多和这样的人接触。良友就是良师，交朋友正是要择其善者而从之，才能从他们身上学到更多的东西来充实自己，这也是曾国藩借以提升自己的方法。

自知者明，自胜者强

怨人不如自怨，求诸人不如求诸己。

——《文子》

【智慧品读】

人生在世，贵在自知。无论人们在社会中的处境如何，角色如何，都应该恰当地定位自己，认识到自己的独特之处，然后坚定立场，在属于自己的道路上寻找属于自己的风景。

正如王维的《辛夷坞》所说："木末芙蓉花，山中发红萼，涧户寂无人，纷纷开且落。"那山中的芙蓉花并不因生在深山而黯然失色，春来秋去，它依然绽放自己生命的美丽，灿烂地活在世上。植物尚且如此，何况是人。虽然不一定每个人都拥有显赫的地位，耀眼的才华，但是这并不能够阻碍人们去追求属于自己的成功人生。

在一个偏僻遥远的山谷里，一个高达数千尺的断崖的边上，不知何时，长出了一株小小的百合。百合刚诞生的时候，如同杂草，但它心里知道自己并不是一株野草。它的内心深处，有一个纯洁的念头："我是一株百合，不是一株野草。唯一能证明我是百合的方法，就是开出美丽的花朵。"有了这个念头，百合努力地吸收水分和阳光，深深地扎根，直直地挺着胸膛。

终于在一个春天的清晨，百合的顶部结出了第一个花苞。百合的心里很高兴，附近的杂草却很不屑，它们在私底下嘲笑着百合："这家伙明明是一株草，偏偏说自己是一株花，还真以为自己是一株花，我看它顶上结的不是花苞，而是头脑上长的瘤。"它们讥讽百合："你不要做梦了，即使你真的会开花，在这荒郊野外，你的价值还不是跟我们一样?"

偶尔也有飞过的蜂蝶鸟雀，它们也会劝百合不用那么努力开花："在这断崖边上，纵然开出世界上最美的花，也不会有人来欣赏呀！”百合说：“我要开花，是因为我知道自己有美丽的花；我要开花，是为了完成作为一株花的庄严使命；我要开花，是由于自己喜欢以花来证明自己的存在。不管有没有人欣赏，不管你们怎么看我，我都要开花！”在野草和蜂蝶的鄙夷下，百合努力地释放内心的能量。

终于有一天，它开花了，它那灵性的白和秀挺的风姿，成为断崖上最美丽的风景。这时候，野草与蜂蝶再也不敢嘲笑它了。百合花一朵一朵地盛开着，花朵上每天都有晶莹的水珠，野草们以为那是昨夜的露水，只有百合自己知道，那是极深沉的欢喜所结的泪滴。

年年春天，百合努力地开花、结籽。它的种子随着风，落在山谷、草原和悬崖边上，结果到处都开满洁白的百合。几十年后，远在百里外的人，从城市，从乡村，千里迢迢赶来欣赏百合开花，无数的人看到这从未见过的美，感动得落泪，触动内心那纯净温柔的一角。那里，被人称为“百合谷地”。

不管别人怎么欣赏，满山的百合花都谨记着第一株百合的教导：“我们要全心全意默默地开花，以花来证明自己的存在。”

故事中的百合虽然从一开始就受到周围杂草的嘲笑，但可贵的是它能够不为外界所扰，“怨人不如自怨，求诸人不如求诸己”，坚信“我是一株百合，不是一株野草”，并努力地扎根生长，最终开出美丽的花朵。

社会上的每个人都有自己固定的身份，但无论人们的身份与角色是什么，都应该像那株百合般牢记自己的独特之处，坚定地寻找属于自己的世界，成就属于自己的境界。或许那个世界不是特别广阔，那个境界并不高远，但至少它是属于自己一个人的，能够感受自己生命中的那份独特的快乐。

救人危难，贵于千金

有福同享，有难同当。

——《官场现形记》

【智慧品读】

任昉是南朝梁著名的作家，以散文著称于世，时人把他的文章和沈约的诗相提并论，誉为“沈诗任笔”。任昉喜欢交朋友，任御史中丞时，热情好客的他几乎每天都邀请文友到家中来饮酒赋诗。

除此之外，任昉还经常和友人张率、到溉、陆倕等人游山玩水，颇有兴致，他们之间的聚会游玩号称龙门游，又称兰台聚。这些朋友们聚在一起，总会称赞任昉绝妙的文笔，并且信誓旦旦地要与他保持永久的友谊。

但是，任昉死后，家道中落，生前的好友再也没出现过，而任昉的儿子们也只好过着异常穷困的生活。

有一天，学者刘峻偶遇任昉的儿子西华，听他说任家的近况后，深感愤慨：那些称千秋万代都要做朋友的人，都跑到哪里去了？于是，提笔写了一篇《广绝交论》，刘峻在文章中将朋友分为几种类型，有以贿赂交，以权势交，以贪富交，以善谈交，以气量交等，特意来讥讽任昉生前的旧友，慨叹人心的凉薄。这篇文章传开后，任昉那些旧时的朋友，纷纷感到不安，深感惭愧。

任昉满腹才华，家庭富有时，门庭也若市。而当他死后，家道中落，后代却无人问津，这听起来未免有些悲凉。人是需要关怀和帮助的，也最为珍惜在自己困境中得到的关怀和帮助。有人说，真正的朋友是雨中的一把伞，是雪中的一捧炭，是寒室中温暖的棉被，是佳肴中不可缺少的盐花。

在别人富有时送他一座金山，不如在他落难时，送他一杯水。因为，人们总会在现实生活中遇到一些困难，遇到一些自己解决不了的事情，这时候，如果能得到别人的帮助，将会永远铭记在心，感激不尽。帮助别人不一定是物质上的，简单的举手之劳或关怀的话语，就能让别人产生久久的感动。

有许多曾经被我们引以为近友的人，由于经不起漫漫岁月的消耗，渐渐远离。剩下的一些，有的或许能一同走完生命的长路，有的依旧慢慢地分离。对于早年的交情，理当珍惜，失去它是件非常可惜的事情。尽管常常可以摆出许多理由说自己只是出于无奈，性格志趣越来越不相投，对方的缺点越来越多等，但是这些统统只是逃避的借口。

喜新厌旧是很多人都犯过的毛病，交了新朋友就会渐渐疏远旧日的朋友，这不算是真正的朋友。即便平时真的忽略了，当朋友有了困难，这个时候也应该挺身而出。

遇到多年不见的老友时，情意要特别真诚与热情，气氛要特别热烈；处理某种隐秘事情时，居心要特别坦诚，态度要特别开朗；服侍衰弱的老人时，举止要特别殷勤，礼节要特别周到。朋友之间就是要相互帮助的，有福同享，有难同当。

人常说，“三十年河东，三十年河西”，今天对别人真心相助，说不定哪一天陷入困境，求助于别人的人成了自己。不仅如此，如果能做到帮助曾经伤害过自己的人，不但能显示出博大的胸怀，而且还有助于“化敌为友”，为自己营造一个更为宽松的人际环境。

尊重贤人， 包容犯错的人

君子尊贤而容众，嘉善而矜不能。

——《论语》

一个人心里老是记着给予过别人的帮助，曾经的助人的快乐就会慢慢变质成为一种骄傲。同样的道理，一个人如果总是对别人的错误耿耿于怀，总

有一天淤积的怨恨会搁浅这个人的人际关系。这个世界上真正能抑制这种骄傲和怨恨的唯有宽宏的器量。观察历史，我们就会总结出那些声名显赫的人物，大多拥有广阔的胸襟。

东汉光武帝刘秀在河北与自立为帝的王郎展开大战时，王郎节节败退，逃入邯郸城里。经过二十多天的围攻，刘秀大军攻破邯郸，杀死王郎，取得胜利。在清点缴获来的书信文件时，官员们发现了几千封和王郎私通的信件。这些信件的写作者都是刘秀这一方的人，有官吏，有平民，也有士兵，而信件的内容大都是吹捧王郎、攻击刘秀的。

看到这些信件后，有的人很气愤，说这些人吃里爬外，应该抓起来统统处死。曾经给王郎写过信的人，也都害怕刘秀怪罪，终日提心吊胆。

刘秀知道这件事后，立即召集文武百官，又叫人把那些信件取过来，连看也不看，就叫人当众扔到火中烧掉了。刘秀对大家说："有人过去写信私通王郎，做了错事。但事情已过，可以既往不咎。希望那些过去做错事的人从此安下心来，努力供职。"刘秀的这种处理方法，使那些曾经私通王郎的人松了一口气。他们都从心眼里感激刘秀，甘愿为他效劳。

要想成就大事，必须懂得用人。而用人除了知人善用外，最难的怕是容忍他们的过错了。世界上没有不犯错的人，如果抓住别人的错误不放，三天一提，五天一批，不仅会有损团队的锐气，还会降低自己的魅力。

善于淡忘的宽容不仅是成大事的关键因素，还是聚集人脉的重要因素。

子夏的弟子问子张："什么是交朋友之道呢？"

子张反过来却问："你的老师是怎么告诉你们的？"

子夏的学生说："我们的老师教我们，对于可以交的朋友，就和他往来做朋友，不可以交的朋友，就距离远一点。"

子张听后摇摇头说："我听到的和你说的不一样，我的老师孔子说，'君子尊贤而容众'，一个人在社会中交朋友要尊贤，有学问有道德的人值得尊敬，而对于一般没有道德、没有学问的人则需要包容，对于好的有善行的人要鼓励他，对不好的、差的人要同情他。"

子夏的交友之道是明哲保身的做法，而子张口中的交友之道是胸怀宽广的表现。同是交友之道，同样有可取之处，但是后者比前者更容易聚集人脉。

在现实生活中我们要修炼这种胸怀和器量，这是一种不须投资便能得到的高级精神滋补品。首先我们要学会记住别人给过我们的帮助，哪怕滴水之恩，也要涌泉相报。其次，我们要反省自己给别人带去的麻烦，并尽量改正和弥补，最后我们要学会淡忘，忘记自己给予别人的帮助，忘记别人给我们带来的不便。

当我们这样去做的时候，我们和他人的交往，就会淡化不平、烦恼和怨恨，提纯友情、快乐和幸福，最后得到的是宽广而融洽的人际关系。

嫉妒别人不如提升自己

羌内恕己以量人兮，各兴心而嫉妒。

——《离骚》

人生境界关系个人的成就、品位与气度。人生境界有高有低，有狭有宽，有大有小，境界在哪里，人生就到哪里。

不要意气用事，不要偏信谗言，不要以己所长比他人所短，不要因自己的无能而嫉妒他人，不要妄执烦躁，应该冷静处世，不能太浮躁，这样才能清楚地衡量自己，把握人生。虽然说境界各有不同，且也各有各的自在，但人生总是要由自己写就。回归本性，谦虚从事，尊重他人，不仅可以远离谄媚，也能为自己修身进福。

西汉时期，汝南的翟方进与清河的胡常曾经是同窗，在一起共同研习过经学。后来虽然胡常比翟方进先当官，但在学问上的名声却一直不如翟方进，因此胡常对这位昔日的同窗好友十分嫉妒，经常在别人面前讲翟方进的不是，挑他的毛病。

这件事情后来传到了翟方进耳中，他非但没有生气，反而在胡常给门生讲课时，派自己的学生去胡常处旁听，并让他们经常向胡常请教经书中的疑难问题，认真进行记录。胡常并不知道翟方进此举的初衷，只是过了很长一

段时间后，胡常才猛然觉悟翟方进这是在有意推崇他，为他树立良好的威望，心中顿时感到惭愧。自此，胡常再也不处处与翟方进作对，而是改变了以往的做法，无论是为官，还是论学，都对翟方进极度称赞。

翟方进不以自己的长处比人家的短处，也不像胡常那样因自己的不及而妒忌人家，他宽容待人，谦虚处事，尊人才能自尊。

比他人之短，嫉妒他人的人，总是会有的。可“生活不是攀比，幸福源自珍惜”，嫉妒是一种难以公开的阴暗心理，是人们普遍存在着的人性弱点，有时嫉妒心理还会带来自身的毁灭。

《离骚》中说，小人对自己很宽容，却用卑鄙的想法考量别人，故而生出嫉妒之心。他们嫉恨别人，于是竭力贬低、败坏别人，对别人的进步和成就总是不屑一顾，看不到自己和别人之间的差距，不想奋力赶上。这样，自己与被嫉妒者之间，必然拉开更大的距离，到头来自己只能是越来越落后。嫉妒人家，无非是怕人家比自己强。但是，怕也无济于事，嫉妒不能给自己增加什么好处，反而更加显示出自己的落后、狭隘。

其实，嫉妒别人不如提升自己。常说人的精神境界要高，越高越好，但人的行动及现实生活，要尽量放低，因为只有在最低处，你向上的势能才更大更足。所以，做人有时候需要像无波澜、静静的流水一样安静，不论在什么情况下都不至于让自己锋芒毕露，树敌太多。

人各有长短，看到自己长处的同时，也要看到自己的短处；看到他人的短处时，也应看到他人的长处。发扬己长，克服己短，学习人长，避开己短，这才是积极的态度和方法。为人处世一定要把握一个度，不要把自己看得太高，不要到处争强好胜，应收敛锋芒，平平淡淡地处世，这样在人生的道路上才能走得更好。

伸出援手而非落井下石

得道者多助，失道者寡助。寡助之至，亲戚畔之；多助之至，天下顺之。

——《孟子》

有过用柴草生火经历的人都知道，要点燃木柴，先要用干枯的细枝去引火，火才能越烧越大；如果里面有湿柴，刚燃的火苗很快就会熄灭。但是，一旦火堆燃烧起来了，即便扔进去的是刚砍的湿木头，很快也会被火焰带动起来，一起燃烧。

这和交友的道理有些相似，用足够的真诚去感染他人，就能让对方感受到自己的善意，并能在我们陷身于险境时给予帮助。

秦穆公当政时，秦国遭遇大饥荒，国势危急。想到曾经有恩于晋国，秦穆公认为如果派人去向晋国求救，晋国应该会出于感激而资助自己的国家。可是结果却事与愿违，晋国不但不给秦国援助，还趁机派兵攻打秦国。

秦穆公大怒，便对全国百姓说："我们秦国曾有恩于晋国，可是晋国忘恩负义，还乘人之危，攻打我们，是可忍孰不可忍！我们一定要他们知道这样做的后果。"于是穆公派丕豹带领军队攻打晋国，而且旗开得胜。但是毕竟秦国刚逢大灾，国库空虚，不宜久战。可秦穆公出于一时怒气做出了继续追击晋军的错误决定。

这天，秦穆公带领他的几个手下一直追到晋国腹地，渐渐地和大队人马失去了联系。

晋军见秦穆公人少，趁机包围了秦穆公和他的几个手下。眼见着寡不敌众的时候，晋国的军队大乱。原来有一群人在晋军后面来了个突然袭击。这些人都是曾经被秦穆公帮助过的人。这些人感恩戴德，便在秦穆公有难时给

予了及时的帮助，帮他渡过了难关。

孟子说："得道者多助，失道者寡助。"晋国忘恩负义引来战事，秦国施惠散义赢得援助。战争就是这样充满戏剧性，其结果往往有利于那些道德上略高一筹的人。

生活也蕴涵着同样的道理，当我们孤傲冷漠地对人时，只会受到同样冷漠的回报。只有那些充满生命热情而又乐于助人的人，得到的回报才会深厚，福祉也才会绵长久远。一言蔽之就是"帮人最终帮自己"。

在日常工作中，人与人之间免不了互相帮忙。但帮助必须是诚挚的，这会使当事人双方都受益。

当一个人尽自己所能成人之美时，他就是在帮助自己。因为在这个由人组成的社会里，当接受帮助的人对我们十分感激时，我们就会感受到一种温情，这种温情让我们感觉更舒服。那种因为使别人幸福而令自身欣喜的感觉，让我们知道幸福的真正含义，让我们想远离那种生活如行尸走肉般的冷漠世界。

当我们用足够的真诚给他人以方便时，对方的心灵就会成为幸福生长延伸的土地。当我们的善意被对方接受时，我们的幸福也就来到了。

所以，人的一生当中为自己找到幸福的最有效的方法就是奉献我们的精力，努力使其他人获得快乐。

不要以言取人，　不要以貌取人

（孔子曰：）吾以言取人，失之宰予，以貌取人，失之子羽。

——《史记》

一对夫妇的一个朋友从国外回来，给他们带了一篮价格昂贵的苹果。夫妻俩觉得很新鲜，把苹果放在果盘里摆着，一直舍不得吃。后来妻子认为这样好的苹果，放在一个普通的果盘里，显得那么不协调，于是他们狠狠心买了价值不菲的水晶果盘，觉得这样才配得上这些色泽美丽的苹果。

可过了一段时间后，他们又发现放置果盘的茶几太旧了，与水晶果盘实在不配，于是又买了一个新茶几。既然买了新茶几，肯定也要买配套的沙发，不久，沙发也搬回家了。

但更出人意料的事情发生了，贵重的果盘、新式的茶几、流行的沙发和其他家具是那样的格格不入，于是他们狠狠心，把家里的家具全换了一遍。家具换完了，这下是房子了，这房子还是这对夫妇刚工作的时候单位分的旧房，也有十几年的历史了。他们最后下定决心，要换就换彻底。他们把旧房子卖了，又向朋友东借西凑，好不容易买了一栋小商品房。

当二人坐在新家里，再次款待那位朋友时，女主人让朋友给她的新家提点意见，朋友笑了笑，指着空空如也的水晶果盘说，里面放上些苹果不是更好吗？夫妻二人忽然发现他们已很久很久没有吃苹果了。

不管是多么漂亮的苹果也仅仅是一种水果而已，它的用途是供人们食用而不是炫耀。故事中的这对夫妇盲目追求外在的华丽，而忘记了事物本身的价值和用途是根植于它们的内在的，结果白白给自己添了那么多的麻烦。人们应该相信，人生本来是什么就是什么，生活原本应该怎样就怎样，用富裕的外表掩盖贫穷的本质，无论生活或人生，都将以痛苦终结。

一般人总是听到悦耳的声音就高兴，听到嘈杂的声音就厌恶，看见花木就愿意去栽培它，看见野草就想拔掉它，这都是以貌取物的表现。如果以自然本性来看待，万物都是一样的，并没有高低好坏之分。所以，人们对待事物的时候不要只看外表，应该着眼于其内在的价值，对待人也是一样的道理，不可以貌取人。

孔子弟子三千，在对待弟子的问题上，孔子也难免以言取人、以貌取人。

孔子的弟子中有一个叫宰予的，伶牙俐齿，能说会道，孔子很喜欢他，后来孔子发现他既没有高尚的德行，做学问也不勤奋，大好时间都用来睡懒觉，不禁喟叹“朽木不可雕也”。

而孔子的另一个弟子子羽，相貌丑陋，孔子以貌取人，认为他不会成才。但是，子羽为人光明磊落，不趋炎附势，为学也勤奋努力，后来仰慕他的弟子达到了三百人，他的贤名天下皆知。孔子知道以后后悔地说，我只凭言辞判断人，结果看错了宰予，我只凭相貌判断人，结果误会了

子羽。

圣人尚且会以貌取人，以言取人，普通人就更难免了。其实，仔细想想，以貌取人的做法是很可笑的，毕竟容颜是父母给的，谁也改变不了，而个人的气质和修养却是后天形成的，对于一个人来说，这才是属于他自己的本质的东西，以貌取人岂不是舍本逐末吗?

人与人交往，特别是初次交往，第一印象很重要，但是这第一眼往往从形象开始，因此人们常常习惯以貌取人。其实，以貌取人有其偏颇，甚至会因此错过品德高尚之人，或者遇人不淑。

亲近君子， 远离小人

亲贤臣，远小人，此先汉所以兴隆也；亲小人，远贤臣，此后汉所以倾颓也。

——《出师表》

诸葛亮在上表给后主刘禅的这封言辞恳切的《出师表》中，表达了要亲君子远小人，才能永保千秋伟业。不但治理国家如此，交友也当如此。

君子有光风霁月般的胸怀，像春风吹拂，清爽舒适，像秋月光华，皎洁无瑕。与君子相处，人们也可以像君子般自然、坦荡，而无须战战兢兢、如履薄冰。你有不当之处，君子也不会挂怀；你向他示惠，他也不会接受；与君子相处容易，而讨好君子却很难。

而小人就恰好相反，他们没有君子那种坦荡的胸怀，睚眦必报、求全责备、见利忘义是他们的本性。

在生活中，人们不可能完全做到亲君子远小人，有时候与小人打交道也是难以避免的。真正的智者，不仅能够分辨出君子和小人，而且能够采取不同的相处方式对待他们。隋唐之际的徐文远就是一个例子。

徐文远是名门之后，他幼年跟随父亲到了长安，那时候他们的生活十分困难，难以自给。他勤奋好学，通读经书，终有所成，后来官居隋朝的国子博士，越王杨侗还请他担任祭酒一职。

隋朝末年，洛阳一带发生了饥荒，徐文远只好外出打柴维持生计，凑巧碰上李密，于是被李密请进了自己的军队中。李密曾是徐文远的学生，他请徐文远坐在上座，自己则率领手下兵士向他参拜行礼，请求他为自己效力。徐文远对李密说："如果将军你决心效仿伊尹、霍光，在危难之际辅佐皇室，那我虽然年迈，仍然希望能为你尽心尽力。但如果你要学王莽、董卓，在皇室遭遇危难的时刻，趁机篡位夺权，那我这个年迈体衰之人就不能帮你什么了。"后来，李密战败，徐文远归顺了王世充。王世充也曾是徐文远的学生，他见到徐文远十分高兴，赐给他锦衣玉食。徐文远每次见到王世充，总要十分谦恭地对他行礼。

有人问他："听说您对李密十分倨傲，但却对王世充恭敬万分，这是为什么呢?"徐文远回答说："李密是个谦谦君子，所以像郦生对待刘邦那样用狂傲的方式对待他，他也能够接受；王世充却是个阴险小人，即使是老朋友也可能被他陷害杀死，所以我必须小心谨慎地与他相处。我针对不同的人而采取相应的对策，难道不应该如此吗?"等到王世充也归顺唐朝后，徐文远又被任命为国子博士，很受唐太宗李世民的重用。

徐文远之所以能在隋唐之际的乱世保全自己，屡被重用，就是因为他针对不同的人有不同的应对之法，懂得灵活处世。对待坦荡的君子，他无所保留，甚至有些倨傲；而对待气量狭小的小人，他就十分谨慎，如履薄冰。

君子坦荡荡，你可以拒绝他的要求，他不会挂怀。君子有缺点，你指出来，他感激不尽。与君子交朋友，可以袒露心扉，不用有戒心。对小人却万万不可，与之相处，需要"战战兢兢，如履薄冰"，"待小人要宽，防小人要严"，要礼而敬之，敬而远之。

有人以水比喻君子，以油比喻小人，说道："水味淡，其性洁，其色素，可以洗涤衣物，沸后加油不会溅出，颇似君子有包容之度；而油则味浓，其性滑，其色重，可以污染衣物，沸后加水必四溅，又颇似小人无包容之心。"

生活中，人们难免与各种人打交道，君子易处，小人难待。目光如炬，识得出水油之别，方能事事无虞。

祸从口出，言多必失

口者，心之门户也。

——《鬼谷子》

“逢人且说三分话，未可全抛一片心”。嘴巴好比是心的大门，如果不能守口如瓶，必然会泄露心中的秘密；意志好比是心的腿脚，如果意志不坚定，就有可能走上邪路。每个人都有自己的隐私，不愿人知；每个人都有自己的想法，人知不妙。

“口者，心之门户也。”“祸从口出，言多必失。”言语谨慎对一个人立身处世具有深刻的意义，花开得太盛则败，不恰当的话说得太多则会招致祸患。守口如瓶，保持沉默，不妄言、不乱语，才能够取得别人的信任，与人和谐相处，才能远离祸患，顺利地走向成功。

提起“刘罗锅”——刘墉，人们脑海里立刻出现了一个聪明机智、正直勇敢、不失几分幽默的人物形象。他凭着自己的正直和聪明周旋于危机重重的封建官场，左右逢源，游刃有余。但很少有人知道，刘墉也曾遭遇重大转折，受到乾隆皇帝的申斥，本该获授的大学士一职也旁落他人。究其原因，不过是刘墉守口不密，说话不周，酿成了祸患。

一次乾隆谈到一位老臣去留的问题，说若老臣要求退休回籍，乾隆也不忍心不答应。刘墉便将这话泄露给了老臣，而老臣真的面圣请辞。乾隆大为恼火，认为这是刘墉觊觎补授大学士的明证，是“谋官”的明证，因而训斥一通，将大学士一职改授他人。

武则天《臣轨·慎密》中有言：嘴巴好比一道关卡，舌头好比射箭的弩机。一句不妥当的话说出去，即使用四匹马拉一辆车那么快的速度也不可能追回来。嘴巴和舌头犹如一柄双刃剑，一句话说得不恰当，就会反过来伤害自己。因为话是自己说的，别人既然听到了，你又无法阻止别人去传播，由此所带来的影响你就根本没办法控制。

刘墉由于说话不慎，而将到手的大学士丢了，就是最好的明证。因言语不慎而丢官尚且可以补救，因此而遭杀身之祸就悔之莫及了。

清朝的载湉继位时年仅四岁，由两宫皇太后垂帘听政。慈禧常单独召见廷臣，有事不与慈安太后商量，慈安太后颇为不平。

1881 年初，慈禧忽然得了重病，征集中外名医治疗都没有效果。后来用产后疏导补养的药治疗，竟“奏效如神”。于是慈安太后知道慈禧失德不检，便以庆贺慈禧康复为名，在钟粹宫摆下酒席，和慈禧共饮。酒过三巡，慈安太后让左右的人下去后，就谈起咸丰晚年的事，说：“20 多年来两宫相处还算好，有一件事早想和妹妹说了，请妹妹看一件东西。”慈安说着起身从一个匣子里拿出一卷黄绫纸来。原来是咸丰帝临终写给慈安太后的手谕，大意说若此后那拉氏不安分，可出示此诏命大臣把她除掉。慈禧听后脸色大变。

慈安太后完全出于好心告知慈禧此事，想借此遗诏规劝慈禧今后须处处检点。为了不使慈禧猜忌，慈安当场索回遗诏，用蜡烛烧了，说：“此纸已无用，焚之大佳。”慈禧表面感激涕零，暗中心怀鬼胎。不久，慈安太后患感冒，当晚就死了，事实上是被慈禧毒死的。

说话应当三缄其口，不可说的话一定要守口如瓶，即使是可以说的话也应该按需要的程度，能省则省。要知道，说者无心听者有意。即便有些话并无恶意，也有可能会遭到别人的误解，何况是明显有针对性的弦外之音呢？慈安太后的祸患就是由她不察人心、守口不密所致。

人心复杂，难以捉摸，话说得得体，于人于己都有利；反之，口不择言，只会遭人记恨，给自己带来灾祸。很多不喜多言之人，他并不是内心糊涂，而是明白言多必失的道理。

不要迷失在谄媚和诽谤的言语之中

天下无不好谀之人，故谄之术不穷；世间尽是善毁之辈，故谗之路难塞。

——《小窗幽记》

【智慧品读】

天下没有不喜欢听他人对自己阿谀奉承的人，所以世间就没有穷尽过谄媚之术；世界上多是善于诋毁别人的人，所以进谗言的道路就很难被堵塞。明白了这个道理，我们就要经常警示自己：不要迷失在谄媚和诽谤的言语之中。

对待诽谤之言，最重要的是保持冷静，坚信谗言毁人只是一时的，谣言终究是谣言，不久便会不攻自破。如果人们因此而大动肝火，反而有可能会弄巧成拙，助长不轨之人的嚣张气焰。与其愤世嫉俗地诅咒黑暗，不如给自己的心灵点亮一支蜡烛。

唐代有一个检校刑部郎中，名叫程皓，为人谨慎，人情练达，从不谈人之短长。每当同辈之中有人非议别人，他都缄默不语。直到那人议论完后，他才慢慢地替被伤害的人辩解："这都是众人妄传，其实不然。"甚至，还列举出这个人的某些长处。有时，他自己在大庭广众中被人辱骂，连在座的人都惊愕不已，程皓却不动声色，起身避开，说："彼人醉耳，何可与言？"

程皓对待别人诽谤的态度不仅是大度的，更是智慧的。刚刚洗过澡的人会抖一抖他的衣服，刚刚洗过头的人会弹一弹他的帽子。谁都不愿意拿自己清洁的身体，去沾染别人的污点，这是人之常情。程皓为了他人的清白辩解，对待针对自己的诽谤却能够不动声色，淡然处之。这种襟怀既令人惊愕，也令人钦佩。

一般人对待针对自己的诽谤时，往往着急上火，而对待莫名的赞誉却往往欣然受之。但实际上，蜜语奉承比之直接中伤更应该引起人们的警惕。对待谗言要无所畏惧，对待蜜语要谨慎处之。

唐朝的杨再思是一个靠谄媚起家的小人，虽身居高位，但一举一动，人皆嗤笑，不与他共处。杨再思为人只知道巧言令色，阿谀奉承，一心揣摩皇上旨意。凡皇上不喜欢的人，他都想尽一切方法打击，欲除之而后快。凡是皇上所喜欢的，他就想尽方法极力赞誉。有人谴责他："你身居高位，为何老是这样低三下四呢？"

杨再思说："仕途艰难，耿直的往往没有好结果，不像我现在这样，怎么能保全自己并且历三朝而不倒呢？"

武则天晚年，张昌宗当过执掌司法的官署的审讯官，司刑少卿桓彦范秉公断狱，断然免除了他的职务。不久，张昌宗上武则天那儿告状，武则天想为他求情，问朝臣说："昌宗对国家有功吗？"满朝文武都不说话，只有杨再思站出来迎合武则天说："昌宗以往炼成神丹，皇上服了很有效，这就是他对国家的大功。"

武则天听后大喜，张昌宗就因为杨再思的这几句话得以官复原职，当时人们都称赞桓彦范的正直而嘲笑杨再思的谄媚，朝廷的官员从此更加看不起他了。

杨再思为了自己的高官厚禄，不惜出卖自己的人格，结果遭到人们的嘲笑。蜜语如邪风，不仅于己无利，而且害人不浅。美言者往往都是善用机巧之人，他们巧舌如簧、口蜜腹剑，虽然令听者耳顺，却也能蛊惑人心，让原本神志清醒的人做出错事。

武则天精明如斯，还是被杨再思别有用心的奉承所迷惑，让徇私枉法的张昌宗官复原职，于社稷造成不利影响。可见，只有谨记前贤教诲，慎听蜜语，才能防止被别有用心之人利用，做出悔之不及的事情。

揭人之短的行为最不可取

但攻吾过，毋议人非。

——陈确《不乱说》

别人犯了错误，有了短处，你耳闻目睹，关键的是要懂得保持沉默，千万不要宣扬。可以在没有旁人的场合与之会心交谈，让对方改正。否则，不仅将他人推入窘境，自己有可能也树敌了。

看过鲁迅《阿Q正传》的人都知道阿Q有一头癞疮，他平时最忌恨别人这么说他。老百姓说“打人莫打脸，骂人不揭短”，因为谁都会有不完美的地方。你如果刻薄地非揪住他人的短处不放，那结果肯定是不欢而散。

春秋末期，齐国和楚国都是大国。有一次，齐王派大夫晏子去访问楚国。楚王仗着自己国势强盛，想乘机侮辱晏子，显显楚国的威风。

楚王知道晏子身材矮小，就叫人在城门旁边开了一个五尺来高的洞。晏子来到楚国，楚王叫人把城门关了，让晏子从这个洞进去。晏子看了看，对接待的人说：“这是个狗洞，不是城门。只有访问‘狗国’，才从狗洞进去。我在这等一会儿，你们先去问个明白，楚国到底是个什么样的国家?”接待的人立刻把晏子的话传给了楚王，楚王只好吩咐大开城门，迎接晏子。

晏子见了楚王，楚王瞅了他一眼，冷笑一声，说：“难道齐国没有人了吗?”晏子严肃地回答：“这是什么话?我国首都临淄住满了人。大伙儿把袖子举起来，就是一片云；大伙儿甩一把汗，就是一阵雨；街上的行人肩膀擦着肩膀，脚尖碰着脚跟。大王怎么说齐国没有人呢?”楚王说：“既然有那么多人，为什么打发你来呢?”晏子装作很为难的样子，说：“您这一问，我实在不好回答。撒谎吧，怕犯了欺骗大王的罪；说实话吧，又怕大王生气。”楚王说："实话实说，我不生气。"晏子拱了拱手，说："敝国有个规矩：访问上等的国家，就派上等人去；访问下等的国家，就派下等人去。我最不中用，所以被派到这来了。"说着他故意笑了笑，楚王只好赔着笑。

接着，楚王安排酒席招待晏子。正当他们吃得高兴的时候，有两个武士押着一个囚犯，从堂下走过。楚王看见了，问他们："那个囚犯犯的什么罪？他是哪里人？"武士回答说："犯了盗窃罪，是齐国人。"楚王笑嘻嘻地对晏子说："齐国人怎么这样没出息，干这种事？"楚国的大臣们听了，都得意扬扬地笑起来，以为这下可让晏子丢尽了脸了。哪知晏子面不改色，站起来，说："大王怎么不知道啊？淮南的柑橘，又大又甜。可是橘树一种到淮北，就只能结又小又苦的枳，还不是因为水土不同吗？同样道理，齐国人在齐国安居乐业，好好地劳动，一到楚国，就做起盗贼来了，也许是两国的水土不同吧。"楚王听了，只好赔不是，说："我原来想取笑大夫，没想到反让大夫取笑了。"

从这以后，楚王不敢不尊重晏子了。

楚王有失礼节，晏子知礼且据理力争，几个回合下来，楚王输给了晏子，并且心服口服。

揭他人的短处，有时是故意的，那是互相敌视的双方用来作为攻击对方的武器；揭他人的短处，有时又是无意的，那是因为某种原因一不小心犯了对方的忌讳。有心也好，无意也罢，在待人处世中揭人之短都会伤害对方的自尊，轻则影响双方的感情，重则反目成仇。

人应该有宽广的胸怀，用对待自己的标准作为参照来对待他人。这样，既不会破坏与他人的关系，也不会将事情弄得僵持而不可收拾。这是尊重他人，平等待人的体现。每个人都有所长，亦有所短，要善于发现别人身上的优点，夸奖其长处，而不要抓住别人的隐私、痛处和缺点，大做文章。

晓之以理， 动之以情

可与言而不与之言，失人。不可与言而与之言，失言。知者不失人，亦不失言。

——《论语》

【智慧品读】

生活就好像在爬山。前面的人经常回头来跟后面的人开一句玩笑，或者招招手，说一些鼓励的话，对后面的人有很大的帮助。生活里的每一个人都是爬山的人，应该相互帮助和鼓励。

在别人惶惑和痴迷时给予忠告，就是莫大的恩惠。或许因为你这句警语，转变了他的命运，把他从困境中解脱出来，让他身心愉悦，这也是你的积德之举。汉代有个县令叫陈实，就因为一句话解救了他人并使之走上正道。

陈实早年在家乡时就以公正闻名。当地的百姓凡有争执纠纷，都请他出面判定，他总能清楚公道地说明是非曲直，使被判双方都很满意，有些人甚至感叹说："宁可遭受肉体处罚，也不要被陈先生说声不是。"

当时经常发生饥荒，老百姓都很穷。有个小偷夜间潜入陈实的卧室，躲在房梁上，准备等他睡着了行窃。陈实发现了，没有大喊"捉贼"，而是起身整了整自己的衣服，将儿孙们召进房门，严肃地教导说："人不能不知道自勉。那些后来表现不好的人，未必一生下来就坏，只是因为沾染了坏习惯，才到这种地步，梁上的那位君子大概就是这样。"

小偷一听大吃一惊，连忙跳下地来，向他叩头请罪。陈实慢慢地开导他说："看你的模样，不像坏人，应该克服自己的恶习，重新做人。你干这种见不得人的事，只怕是为贫穷所迫吧。"随即，陈实吩咐家人送给他二匹绢，让他回去自力更生。此事很快就传遍全县，全县的盗窃案从此销声匿迹。

陈实讲这句警语时，不是严厉地呵斥，也没有讲什么仁义道德的大道理，而是合乎情理，娓娓道来，晓之以理，动之以情，令小偷改过自新。

孔子曾说，应该和其他人说的话没有说，就会失去人心；而不该说的话却和别人说了，就是口不择言。真正的智者能够分清什么可说，什么不可说，既不失去人心，也不会失言。故事中的陈实就是这样一位智者，他在该说的时候用了恰当的方式告诫了小偷，不但使得小偷浪子回头，也为自己获得了人心。

宋代文士袁采说过：“圣贤犹不能无过，况人非圣贤，安得每事尽善?”人不可避免地会出现或大或小的错误。同时，人生不如意十之八九，即使是一个十分幸运的人，在他的一生中也总有一个或几个时期处于十分艰难的情况下。既然如此，我们就不应对他人横加指责，鄙夷嫌弃，而要懂得向处于迷途与困境中的人伸出援助之手，给他以精神上的鼓励，让他能够改过、能够产生战胜一切困难的信心。

一个人的才能和力量总是有限的，很多时候我们都需要别人的帮助。不要吝啬对他人的鼓励和帮助，因为一句话可能会让对方终生受益。每个人都有可能遇到生活上的不同考验，在别人经历风雨的时候，应及时地给予安慰和鼓励。

送上一句“下次努力”“这些困难算什么”。一旦发现需要帮助的人，就应该主动伸出援助之手，提点他、鼓励他。

辨人心， 交益友

凡人心险于山川，难于知天。

——《庄子》

俗话说：出门在外靠朋友。朋友在我们的生活、工作中扮演了极为重要

的角色。会交友，广交友，交好友，应该把握一定的尺度，这样才能借朋友之力，助自己一臂之力。另外，对待朋友要真诚坦率，设身处地为朋友着想，这样朋友间的友谊才会天长地久。

交朋友要谨慎选择，因为“近朱者赤，近墨者黑”，不要因为错选了朋友而影响了你的一生。然而，选准真朋友并不简单，所以古人常有“相识满天下，知音能几人”的慨叹。

一天傍晚，有一对要好的朋友在林中散步。突然，有个人惊慌失措地从林中跑了出来，两人见状，便拉住那个人问：“你为什么如此惊慌，到底发生了什么事情?”

那人忐忑不安地说：“我正在移植一棵小树，却忽然在土里发现了一坛金子。”

两个人对视一眼，说：“你这个人真蠢，挖出了黄金还被吓得魂不附体，真是太好笑了。”随后他们问道：“你是在哪里发现的，告诉我们吧，我们不害怕。”

那人说：“还是不要去了，那东西会吃人的。”

两个人异口同声地说：“我们不怕，你就告诉我们黄金在哪里吧。”

那人告诉了他们具体的地点。两个人跑进树林，果然在那个地方找到了黄金。

其中一人说：“我们要是现在把黄金运回去，不太安全，还是等天黑再往回运吧。这样吧，现在我留在这里看着，你先回去拿点饭菜，我们在这里吃过饭，等半夜再把黄金运回去。”

于是，另一个人就回去拿饭菜了。

留下的人看着满坛的金子，不由得动了歪心思，他想：“要是这些黄金都归我，那该多好呀!”而回去的那个人一边准备饭菜一边想：“如果他死了，那么黄金不就都归我了吗?”

当这人提着饭菜赶到树林里，留守的人突然出现在他背后，用木棒狠狠地打向了他的头，他当场毙命了。然后，那个人拿起饭菜狼吞虎咽地吃了起来。不久之后，他也倒地抽搐起来，这才明白原来饭菜里已经被下了毒。

临死前，他想起了发现金子那人说的话，说道：“果真是应验了，原来金子也会吃人呀!”

故事里的这两个人根本算不得真正的朋友，他们抵不住诱惑，在利益面前互相算计，最终只会自尝苦果。真正的友情应该具有无所求的品质，一旦有所求，“求”也就成了目的，友情就会因此转化为一种外在的装点，而丧失了最初对灵魂相知的渴望。

“凡人心险于山川，难于知天”。友有“益友”“损友”之不同。孔子说：“益者三友”——“友直、友谅、友多闻，益矣”，“损者三友”——“友便辟，友善柔、友便佞，损矣。”就是说，要与正直的、诚恳的、见闻广博的人交朋友，这才有益；同谄媚奉承、当面恭维背后诽谤、喜欢夸夸其谈的人交朋友，那是有害的。

交益友，在品德上可以互相砥砺，在工作上能够互相促进，在生活上可以互相照顾，在学识上能够互相取长补短，有了困难互相帮助，有了缺点能够互相规劝、批评，这对一个人的成长进步无疑大有好处。

第九章

避实就虚，以静制动是顺乎自然的道理

谁不知足， 谁就不会幸福

山林是胜地，一营恋变成市朝；书画是雅事，一贪痴便成商贾。盖心无染着，欲境是仙都；心有系恋，乐境成苦海矣。

——《菜根谭》

【智慧品读】

居住在山林中是很惬意的事，如果对山居有了贪恋，那么山林也成了俗市；欣赏书画是高雅的行为，如果有了贪求和痴恋，那就跟商人没有什么两样了。所以只要心地纯真，没有污染，即使身在人欲横流的环境中，也如同在仙境一般；心中牵挂太多，那么即使处在快乐的环境中，也如同在苦海中一样。

一个农民独自在原始森林中劳动和生活。他收获了五袋谷物，这些谷物要使用一年。他是一个善于精打细算的人，因而精心安排了五袋谷物的计划。第一袋谷物为维持生存所用。第二袋是在维持生存之外增强体力和精力的。此外，他希望有些肉可吃，所以留第三袋谷物饲养鸡、鸭等家禽。他爱喝酒，于是他将第四袋谷物用于酿酒。对于第五袋谷物，他觉得最好用它来养几只他喜欢的鹦鹉，这样可以解闷。

显然，这五袋谷物的不同用途，其重要性是不同的。假如以数字来表示的话，维持生存的那袋谷物的重要性可以确定为1，其余的依次确定为2、3、4、5。现在要问的问题是：如果一袋谷物遭受了损失，比如被小偷偷走了，那么他将失去多少效用？

这是一个经济学家为论述边际效用时讲的一个故事。故事中的这位农民面前合理的选择，就是用剩下的四袋谷物供应最迫切的四种需要，而放弃最不重要的需要。最不重要的需要，也就是经济学上所说的边际效用最低的部分。

其实边际效用量取决于需要和供应之间的关系。要求满足的需要越多、越强烈，可以满足这些需要的物品量越少，那么得不到满足的需要就越重要，因而物品的边际效用就越高。反之，边际效用和价值就越低。经济学家认为，人之所以执着地追求幸福，就是因为幸福能给人带来效用，即生理上和精神上的满足。

农夫拥有的五袋谷物，就好像是幸福能为我们带来的不同层级的效用——有健康，有美食，也有精神的享受。我们追求名利、富贵其实就是为了追求欲望的满足。

不过，名利、富贵终究逃不脱边际效用递减的厄运，好不容易满足的欲望很快就会让一个人不满足，追求名利富贵的道路因此注定永远没有尽头。

世间的万物皆有度，如果在度的范围内，追求更富有、更有地位并无可厚非，问题的关键就在于个人对于地位、富贵的态度。如果一个人将它们看作一种证明自身价值的东西，心无杂念地只求做到精益求精，那么即便是个芝麻官，也会为自己所负的责任而事事谨慎；如果一个人将它们当作一种满足个人私欲的工具，那即便已手握重权，也不会满足，那么结局往往是登得越高，摔得越重。因此有人才会说，“谁不知足，谁就不会幸福，即便他是世界主宰也不例外”。

我们自己的心灵应该由自己掌握，绝不能被其他事物掌握，尤其是富贵名利。对自己的追求，多些把控，不要让它超出合理的需求范围，更不要让自己的心在追求的过程中被外物束缚，那么我们的生活才会和我们的追求相称。

祛除妄念， 提放自如

人之貌有与也。

——《庄子》

一会儿是青天白日晴空万里，转瞬之间却乌云密布、雷电交加；一会儿

是暴风骤雨，转瞬之间又太阳高照或明月当空。大自然的运行无止无息，从来没有一刻的停止，宇宙间的运动无比通畅，从没有一丝阻塞。所以人的心性也要和大自然一样毫无滞塞。

喜欢晴空万里，就要接受它有乌云密布、雷电交加的时候；喜欢月圆的明亮，就要接受它有黑暗和不圆满的时候；喜欢水果的甜美，也要容许它有过苦涩成长的过程。每一样事物都有其运行的规律，就好像天体的运行，丝毫不会发生阻碍。人类也是一样，心要像大自然一样合乎理智准则，自然不会滞塞。

每个人的生命都是天然的，每个人的身体形貌都是独立的，各有独自的精神。“人之貌有与也”，这句话告诉我们一个深刻的道理，人的相貌是自然赋予的，人活着要顺其自然，不要受任何外在的影响。

古时候，有一对兄弟，哥哥在家务农，弟弟在外做生意。这天，弟弟生意受挫，回到家中，连续有好多天，弟弟独坐房内，郁闷不语。

哥哥看着并不言语。这天，他微笑着和弟弟走出家门，门外是一片大好的春光。

放眼望去，天地之间有清新的空气，半绿的草芽，斜飞的小鸟，动情的小河……弟弟深深地吸了一口气，偷窥一眼哥哥，见哥哥正安静地坐在山坡上。

弟弟有些纳闷，不知哥哥葫芦里卖的什么药。

过了一个上午，哥哥才起身，带着弟弟又回到了家中。

还没进家门，哥哥突然跨前一步，轻掩两扇木门，把弟弟关在门外。

弟弟不明白哥哥的意思，只是独自坐于门前，纳闷不语。很快天色就暗了下来，雾气笼罩了四周的山冈、树林、小溪，连鸟语、水声也变得不明朗起来。

这时哥哥在门的里头叫弟弟的名字。

哥哥问：“外边怎么样？”

“全黑了。”

“还有什么吗？”

“什么也没有了。”

“不”，哥哥说，“外边的清风、绿野、花草、小溪……一切都在。”

弟弟猛然醒悟，顿时明白了哥哥的苦心。

生意失败，已经成为事实，何必还要计较，终日里闷闷不乐。哥哥说“一切都在”，任何的得与失都不要过分去在意。所谓财富、成就、名利和功勋对于生命来说只不过是灰尘与飞烟。

生活中，并不只有功和利。尽管我们必须去奔波赚钱才可以生存，尽管生活中有许多无奈和烦恼，但只要我们做到宠亦泰然，辱亦淡然，有也自然，无也自在，如淡月清风一样来去不觉，生活就会变得很轻松。

人的心灵本来很清净安定，只因为被外界物相迷惑困扰，如同明镜蒙尘，就活得愚昧迷失了。真正的快乐不是任何外在所给予的，而是靠自己去创造的。顺应了自我的本性，就是幸福快乐的。

持重守静， 顺乎天意

人法地，地法天，天法道，道法自然。

——《道德经》

一个老人在池塘里种了一片莲花，莲花盛开的时候，引来众人驻足，啧啧称赞。突然一夜狂风暴雨，第二天池塘里的莲花不再，留下一片狼藉，惨不忍睹。围观的人们纷纷感叹，无比惋惜。

有好心人安慰老人，说：“天公不作美，没有体恤你种植的辛苦，你真是太可怜了。”老人却宽心一笑，说：“这没什么遗憾，更谈不上可怜，我种莲花是为了种植的乐趣，乐趣我早已得到，而莲花的衰败是迟早的，何必为此感伤呢？”众人闻言无语。

如果有视富贵如浮云的气度，即便是身处闹市也能够怡然自得地修养心性；相反，如果本身不爱山石清泉，即便居住到深山幽洞之中，也不能享受青山绿水的乐趣。对于爱莲的老人来说，种植莲花是一种乐趣，乐趣既已得到，莲花是繁盛还是衰败就没那么重要了。况且莲花的凋谢是迟早

的事情，过于执着只会自添烦恼，倒不如听任自然来得洒脱。所以，凡事还是应该顺应自然本性，喜欢就是喜欢，不喜欢也不必刻意勉强，否则只能自寻烦恼。

为人如果顺应自然可以减少烦恼，种树如果顺应自然便可枝繁叶茂。

有一个叫郭橐驼的人，患有佝偻病，行走时背脊高起，脸朝下，就像骆驼，别人给他取了个“驼”的外号。橐驼听到后说：“很好啊，给我取这个名字挺恰当。”于是他索性放弃了原名，也自称橐驼。

郭橐驼的家乡叫丰乐乡，在长安城西边。郭橐驼以种树为职业，他种的树没有不成活的，而且能够长得高大茂盛，果实结得又早又多。长安城为了种植花木以供玩赏的富贵人家，还有那些以种植果树出卖水果为生的人，都争着接他到家中供养。

于是，有人向他请教种树的诀窍，他回答说：“并没有什么诀窍，我只是顺应树木的天性，让它尽性生长罢了。大凡种植树木的要点是：树根要舒展，培土要均匀，根上带旧土，筑土要紧密。这样做了之后，就不要再去动它，也不必担心它，种好以后离开时可以头也不回。栽种时就像抚育子女一样细心，种完后就像丢弃它那样不管。那么它的天性就得到了保全，从而按它的本性生长。

所以我只不过不妨害它的生长罢了，并没有能使它长得高大茂盛的诀窍；只不过不压制耗损它的果实罢了，也并没有能使果实结得又早又多的诀窍。别的种树人却不是这样，种树时树根卷曲，又换上新土；培土不是过分就是不够。如果有与这做法不同的，又爱得太深，忧得太多，早晨去看了，晚上又去摸摸，离开之后又回头去看看。

更过分的做法是抓破树皮来验查它是死是活，摇动树干来观察栽土是松是紧，这样就日益背离它的天性了。这虽说是爱它，实际上是害它，虽说是担心它，实际上是与它为敌。所以他们都比不上我，其实，我又有什么特殊能耐呢?”

郭橐驼深谙保持树木天性的奥妙。别人因为他驼背叫他郭橐驼，他欣然受之。在种树上，他也是不刻意而为，顺应树木的生长规律，减少干预，结果反而比他人收效更多。

人们也应该学习郭橐驼种树的方法，不可过于执着，刻意追求不如听任自然，过于强求只会让自己陷入绝境。人们在一条道路上走不通的时候，不如换一种思维，反思一下，是不是自己过于执着而违背了事物自然的发展方式。

《道德经》说，人类做人做事要学习和效法大地，大地则效法天，天效法真理，真理则效法自然万物。听任自然，在执着的绝境转一次身，回一下头，或许会发现身后也藏着美景。

勿在心中建牢

天不设牢，而人自在心中建牢。

——佛语

我们心中想要的东西和未来其实离我们很近，只是当一个人被欲望遮蔽了双眼后，再近的距离也会无限延长。生活中处处有真趣味，在淡泊的人眼里，琼楼玉宇和草房茅屋都不过是个遮风挡雨的地方罢了，不管自己身在怎样的房子里，他们都会用善于发现的眼睛和感恩的心灵，感悟生活，享受生活。但是，如果一个人被私心蒙蔽了，纵然真趣就在眼前，也会和它失之交臂。

在欲望名利面前，人生奋斗就像爬山一样，若为名利欲望所诱，心中则只有悬崖绝壁。而向着悬崖峭壁攀爬，即使我们身体健壮、一次又一次地努力，也难免受伤，最终也难以一览众山小。

而换种角度选择向上的方式，顺着山中的小路上山，不仅饱览山中美景，还可能在保证自身安全的前提下顺利爬到山顶。所以与其走险路，不如走有风景的羊肠小路。这不是胆小，而是明智，因为任何事如果违背道德的准则，或者超出了自身的承受力，便是无意义的。

一个乞丐每天都在想，假如我有两万元钱就好了，我就可以变成正常人，不用再做乞丐。一天，这个乞丐无意中发现了一只很可爱的小狗，他见四周

没人，便把狗抱回了他住的窑洞里，拴了起来。

这只狗的主人是本市有名的大富翁。这位富翁丢狗后十分着急，因为这是一只纯正的进口名犬。于是，就在当地电视台发了一则寻狗启事：如有拾到者请速还，付酬金两万元。

第二天，乞丐行乞时，看到这则启事，便迫不及待地抱着小狗准备去领那两万元酬金。可当他匆匆忙忙抱着狗又路过贴启事处时，发现启事上的酬金已变成了三万元。原来，大富翁寻不着狗，又电话通知电视台把酬金提高到了三万元。

乞丐似乎不相信自己的眼睛，向前走的脚步突然间停了下来，想了想又转身将狗抱回了窑洞，重新拴了起来。第三天，酬金果然又涨了，第四天又涨了，直到第七天，酬金涨到让市民们都感到惊讶时，乞丐这才跑回窑洞去抱狗。可想不到的是，那只可爱的小狗已被饿死了。

乞丐还是乞丐。

在本可以选择物归原主的情况下，乞丐为了满足自己对钱财的欲望止住了脚步，做出了违背自己良心的事。悬赏的金额一涨再涨，等到他终于可以让贪念告一段落时，可能改变他命运的小狗已经死了。这就是贪念酿成的错失良机，所谓失之毫厘差之千里，说的又何尝不是一时贪念的代价。

哲人说："天不设牢，而人自在心中建牢。"生活很简单，人生的机遇、幸福的真趣也不难发现，只要一个人在面对诱惑时，不画地为牢，而是保持一颗清醒和善良的心，便是生活的智慧。

社会上"人人有个大慈悲"，生活中"处处有种真趣味"，能做到上面这一点，我们就能将客观的、外在的出身、家世、钱财、生死、容貌看得很淡泊，得到自己想要的东西。

守住平常心， 做好平凡事

达亦不足贵，穷亦不足悲。

——李白《答王十二寒夜独酌有怀》

“三年清知府，十万雪花银”，历史上贪污之事层出不穷，其中最具代表性的人物当属清朝乾隆年间的大臣和珅。

曾有一位叫汪如龙的官员，送给和珅几十万银两，想谋个肥缺，和珅马上让汪如龙当上了两淮盐政。而这个职位，之前一直由一名叫征瑞的官员担任。

征瑞每年也都向和珅进献银两十万，看着汪如龙霸占了自己的官职，他心中有些不悦，跑去询问和珅：“大人，我每年也向国家贡献白银十万，贡献如此之多，怎么就把我给换了呢?”和珅拉着征瑞的手，笑眯眯地对他说：“别人的贡献更大嘛。”和珅如此赤裸裸的回答，让征瑞哑口无言。

有位山西巡抚派下属携银二十万两，专程赴京给和珅送礼。可是连去了几次，也没人接待。后来，下属专门拿出五千两白银送给接待的人，这才出来一个身穿华服的少年仆人，一开口就问：“是黄（金）的，还是白（银）的?”来人告知是白的，少年仆人吩咐手下将银子收入外库，给来人一张写好的纸柬，说：“拿这个回去为证，就说东西已收了。”送去二十万两银子，连和珅的面也没见上，可见和珅的胃口有多大!

和珅把持朝政二十余年，金钱交易的事俯拾皆是。但和珅为官，弄权要奸，朝野骂声不绝。故而当他的靠山乾隆帝死后不久，新皇帝嘉庆就宣布他20条罪状，令其自裁。一代贪官终于不得善终。

古代贤者认为，富有的人不如贫穷的人无忧无虑，原因是财富越多，失去时损失越大；地位高的人不如地位低的人安生乐活，原因是爬得越高，摔

下来时伤得会越惨。和珅的例子就是佐证。

所以说，钱财富足不是好事，日里防抢，夜里防偷；官位显赫也不值得羡慕，随时会遭人嫉妒和暗算，也不会安生。

明朝画家史忠正是一位智者。他字廷首，本姓徐，名端本，自号敦翁，又号痴仙、痴痴道人，江宁（今江苏南京）人。史忠坐卧痴楼，醉则为乐府新声。史忠17岁时才开始画画，“忽通诗词，画山水木石，纵笔挥写。情豪侠负气，不喜权贵人”。

他的女儿早已定下婚约，到了出嫁年龄，但是婿家贫寒，无力迎娶。于是史忠想了一个计策，上元节时，他假称要观灯，携妻与女儿来到婿家。到了婿家门前，呼婿出拜，留下女儿，他与夫人大笑而去。他曾作一首七言绝句：“痴老平生性僻疏，胸中尘垢半是无。岁寒起坐烧银烛，写个江山雪霁图。”

过多的钱财、过高的地位会给人们带来祸害。史忠能够不以财富、地位取人，信守承诺将女儿嫁给贫寒的婿家，表现了他不嫌贫不爱富的高风亮节。

很多人的一生都在为财富和名利奔波，有所得则沾沾自喜、洋洋得意，非但不适可而止反而变本加厉，结果应了“人为财死，鸟为食亡”的谶语，与其如此，聪明的人们还不如学一学史忠，不把名利富贵看得太重，达亦不足贵，穷亦不足悲。守住一颗平常心，淡泊一些，达观一些，才是真正的福气。

以柔克刚， 弱者制胜

善将者，其刚不可折，其柔不可卷，故以弱制强，以柔制刚。

——诸葛亮《将苑》

天地间的动物植物，生生不息，但是谁也不将成果据为己有，不自恃有

功于人，就像风的流动带来清爽，树的高大投下绿荫，但是风没有静止过，树没有停止生长过。如此包容豁达，反而使得人们更能体会自然的伟大，并始终不能离开它们而独自生活。

所以，上古圣人悟到此理，便效法自然法则处理人事。事来，则尽心尽力，不计名利；事去，则尽快让心情平复，不图回报。如此，很多结果，如名誉、成功，不用强求，也自会水到渠成。

商容疾据说是纣王时的大夫，因屡次直谏荒淫无道的纣王遭到贬谪。后来纣王剖比干，囚箕子，逐微子，商容疾感到心寒，便躲进深山之中，避世隐居，不问世事。

武王灭亡商朝后，天下大定。周室表彰商容闾里，想召他出山，商容疾婉言谢绝。他遗世独立，静心养性，修得一副道骨仙颜，虽然年岁已过数百，仍然精神矍铄，面色如童。到了春秋末年，老子降世，商容疾知道他不是平凡人物，便收他为弟子，传授他天地玄机、处事妙道，所以老子后来成为一代圣人。

后来，商容疾得了重病，自知将不久于人世。老子匆匆赶来问候老师。他先询问了老师的病情，然后对老师说："先生的病确实很重了，有什么教导要嘱咐弟子吗？"

商容疾说了一些话后，张开嘴给老子看，说："我的舌头在吗？"

老子说："在。"

商容疾又说："我的牙齿还在吗？"

老子说："不在了。"

商容疾说："你知道这是什么道理吗？"

老子说："舌存而齿亡，这不是说刚强的东西已经消亡了，而柔弱的东西还存在吗？"

商容疾说："说得好啊！天下的事理正是这样。你没看见那水吗？天下万物，没有什么比水更柔弱的了。然而积水为海，则广阔无际，深不可测，大至于无穷，远极于无涯。百川灌之，无所增加；风吹日晒，没有减少。上天则为雨露，下地则为润泽。万物没有它不能生长，百事离开它不能成功。奔流起来不可遏止，无形无状不可把握。剑刺不能伤害它，棒击无法打碎它。刀斩不会断，火烧不能燃。锋利无比，可以磨灭金石；强健至极，可以承载舟船。深可渗进无形之域，高可翱翔于缥缈之间。涓涓细流回旋于川谷之中，滔滔巨浪翻腾于大荒之野。水为什么能够具有如此大的威力？因为它柔软润

滑，所以能够出于无有，入于无间，攻坚克强，无可匹敌。弱而胜强，柔而克刚，世上没人不知，然而无人能行。你明白了吗?”

老子说：“先生说得太好了！天下之至柔，驰骋天下之至坚，确实是万世不易的定理。坚强的东西能胜不如自己的东西，柔弱的东西能克制超过自己的东西。所以强大的东西处于劣势，柔弱的东西居于上风。积弱可以为强，积柔也就变成刚。欲刚必以柔守之，欲强必以弱保之。”

商容疾面露慰藉的笑容，说：“你已经得到大道了。天下之理都已被你说尽了，我还有什么需要留给你的呢!”

满齿不存，舌头犹在，无为而作，才能完成应当所为之事。“善将者，其刚不可折，其柔不可卷，故以弱制强，以柔制刚”。所以，有时，不必偏执地追求“有为”和“大用”。事来事往，以自然之心看待，反而会收效颇多。

生活中，我们应该在“风来疏竹，风过而竹不留声；雁渡寒潭，雁去而潭不留影”这些自然之道中学习处事的智慧，并遵守和应用世间之法则，不走极端，而是如风不留声、雁不留影那般，不存纤芥，心境坦荡、平和地活出自己的人生。只有这样，我们才能在生活中不被纷扰世事打断精神的修为，从而开创出一番事业。

不为虚名迷失自我

看来名利一场空。

——佛语

名利，就像是一座美丽、豪华、舒适的房子，人人都想走进去，只是他们从未意识到，这座房子只有进去的路，却没有出来的门。从古至今，不知有多少人在混乱的名利场中丧失原则，迷失了自我，百般挣扎后终落得身败名裂。

追求名誉难免被虚名所累，误了一生。其实看开了，虚名不过是噱头，可惜的是太多人被它牵制、累坏。为了一个毫无价值的虚名，人们常常暗中钩心斗角，明里打得头破血流，朋友反目成仇，兄弟自相残杀。

从前，有一群演戏的艺人，因为遇上年岁饥荒，便到他乡卖艺求生。他们在路上经过一座山。据说这座山里有许多恶鬼，还有吃人的罗刹。夜里山中风大天冷，大家燃起火，在火旁边睡了。半夜里，有一个人实在感觉寒冷，就起来穿上演戏用的罗刹服，对着火坐着。

同伴中一个人从睡梦中醒来，突然看见火旁边坐着一个罗刹，顾不上仔细看清楚，爬起来就跑。这一下惊动了所有的伙伴，大家一起奔逃起来。那位穿着罗刹服的人一惊，也跟着大家狂奔，前面逃跑的人以为罗刹要来害人，更加恐惧惊慌。大伙不顾一切拼命逃生，有的跳进河里沟里，有的摔伤胳膊跌伤腿，疲惫至极。

到了天亮，大伙才看清楚后面追的人原来是同伴。有时候，扰乱我们心神的，往往并不是现实中的东西，而是藏于心中的罗刹——名心。

让人们大惊失色，乱作一团的“罗刹”不是别人而是自己的同伴，如果当时他们认清这一点，也就不会受伤了。同样的，名心也出自我们身体的内部，而且因为它由心生，就会产生容易、摆脱难。

人们心中有了荣誉的念头之后，便会为了获得荣誉而产生种种忧虑甚至心机。俗语说：“人怕出名，猪怕壮。”一有名气，争得了这份荣誉，必然要受到一些非难和妒忌，就要做好承受外界压力的心理准备。有时由于这种虚名的获得，使人缺乏冷静的心态，忘乎所以，而骄傲起来，自以为了不起，其实一切都是虚的，不做进一步的努力，到最后什么也得不到。

我们以赤子之身来此世界，当以赤子之心走过此世界，也就是真正留取清白在人间。最大的荣誉就是没有荣誉，把荣誉看得很淡很轻，名誉、地位、声望都算不得什么，即使行善做好事也不要留名，这是一种洒脱的精神境界。

相比之下，有人在处心积虑地追求出名，炫耀自己的名声时，得到的往往是骂名，这还不如逃避名声更有意义；练达世事还不如专注于自身，修身养性来得悠闲自得。

所以，过分执着于名利，最终会心力交瘁，心灵空虚，不会快乐，也难

以获得圆满的人生。

物欲太盛，得不偿失

圣人安贫乐道，不以欲伤生，不以利累己。

——《文子》

在清朝时，北京城有一个著名的艺人，在一个戏班里唱戏。他本来是满族的世家子弟，开始在戏班里不过是客串演唱。后来因为他的唱戏技艺越来越精湛，大家就都劝班主把他吸纳进戏班，于是他就成了戏班里正式的演唱艺人。

在加入戏班不久之后，他有了承袭家里世爵的机会，但如果他仍然是艺人身份，便不能承袭爵位，所以就有人劝他不要再唱戏了，想法谋求别的差事，争取世袭家里的爵位。然而他一点也不为所动，不肯放弃演戏去谋求爵位。

有人劝说他："唱戏的职业地位是低贱的，而爵位的名声是荣耀的。放弃低贱来换取荣耀，本来就是人之常情。"

他却说："我却为自己是唱戏的艺人而感到自豪和骄傲，并不觉得卑污下贱。在戏剧里，我既可以扮作帝王，也可以扮演将军大臣。掀帘出场则引得众人喝彩，在社会上的荣耀应该算是最高的了，还有什么可追求的呢？"

那人说："可是这一切都是虚假的，是扮演出来的，不真实。"

他笑着说："你以为得到爵位就是真的荣耀了吗？或许我还没有来得及享用，第二天又失去这个爵位了。"

故事中的艺人之所以冷淡看官场，拒绝晋爵，得而不喜、失而不忧，其主要的原因是已经深深了解官场的风险和危机。以冷眼观世事热闹，以淡漠看人间繁华，才知道繁华热闹处的功名利禄只是虚幻泡影。

"圣人安贫乐道，不以欲伤生，不以利累己"。安贫乐道是一种智慧，淡泊名利是一种境界，它们能让迷失于欲望之海的人们，于烦琐的事务中求得片刻安闲，于浮躁的环境中求得些许宁静。

不仅涉足权力需要冷静、自制，人们对待财富的时候也应如此。

一对贫穷的农民夫妇，依靠自己家的一块田地维持生计，每年只能从田里获得勉强可以维持生存的收成。唯一值得欣慰的是，他们家还养着一只母鸡，每天可以得到一个鸡蛋，给他们贫穷的生活一点有限的补贴。

或许是由于上天的怜悯，有一天，这只鸡生下了一个金蛋。他们把蛋拿到市场上去卖，结果得到的现金多得吓了他们一跳。这么一大笔钱，竟然如此简单就得到了。

他们回到家里，直盯着生金蛋的鸡看，哪里明白这是幸运之神的照顾！他们心想：以后再也用不着过那种披星戴月却仅可果腹的日子了，只要这只鸡每天能给他们下一个金蛋就行。果然，靠着一天一个金蛋，夫妇俩逐渐富裕了起来，他们买下肥沃的田地，盖起宽敞漂亮的大房子，请了许多仆人，日子也开始过得奢靡起来。

以前贫穷的日子并没有让他们学会珍惜这上天眷顾的幸福，而是在奢靡之中滋长了无尽的贪欲。在奢侈的舞会结束后，妻子说："既然母鸡每天可以下一个金蛋，那它的肚子里一定有很多很多的金蛋，说不定就是一个金库……"

丈夫打断她说："对，我们干脆把鸡杀了，把肚子里所有的金蛋都拿出来！"于是他们三下五除二，将那只下金蛋的鸡杀了。

但是剖开之后，他们发现和普通的鸡并没有两样，根本没有什么金蛋，更不用说什么金库了！夫妇俩非常懊悔亲手毁了自己的致富宝贝，但为时已晚。一直在天上注视着他们的幸运女神目睹了刚才的惨剧，愤怒之下将他们所有的财产化作了一阵清风。

人们应该珍惜生活赐予的，不要再索求太多。物欲太盛，杀鸡取卵，只能得不偿失。贪婪的欲望使这对农民夫妇自己断绝了致富之路，所有的财产也都消失殆尽。也许有一天他们能够明白，应该珍惜生活赐予你的，不要索求太多。可他们还能再恢复到原来清贫淡然却怡然自得的生活状态吗？恐怕是再也不可能了。

人们面对名利时常常容易迷失自我，私心与贪欲常常使他们重重地跌倒在"欲望"的旋涡里。事实上，人们往往并不是拥有的太少，而是欲望太多，名利之心太重。安贫乐道，不为名利所扰方是为人处世的智慧之道。

不念过去，不畏将来

心不欲杂，杂则神荡而不收。

——《格言联璧》

【智慧品读】

有一天，老禅师带着两个徒弟，提着灯笼在黑夜行走。一阵风吹过，灯灭了。

"怎么办?"徒弟问。

"看脚下!"师父答。

当一切变成黑暗，后面的来路，与前面的去路，都看不见。我们要做的是什么？当然是"看脚下，看今生"。

人生最值得珍视的就是当下的实在。然而现代人杂念丛生，放不下过去，太在意将来。

有个小和尚负责清扫寺院里的落叶。这是件苦差事，秋冬之际，每次起风，树叶总是随风飞舞。每天早上都需要花费许多时间才能清扫完树叶，这让小和尚头痛不已。他一直想找个好办法让自己轻松些。

后来有个和尚跟他说："你在明天打扫之前先用力摇树，把落叶都摇下来，后天就可以不用扫落叶了。"小和尚觉得这是个好办法，于是隔天他起了个大早，使劲地摇树，以为这样就可以把当天跟第二天的落叶一次扫干净了，他一整天都很开心。

第二天，小和尚到院子里一看，不禁傻眼了，院子里如往日一样满地落叶。老和尚走了过来，对小和尚说："傻孩子，无论你今天怎么用力，明天的落叶还是会飘下来的。"小和尚终于明白了，世上有很多事是无法提前的，唯有认真地活在当下，才是最真实的人生态度。

我们常听人说，要"活在当下"。所谓"当下"就是指：你现在正在做的事、待的地方、周围的人；“活在当下”就是要你把关注的焦点集中在这些人、事、物上面，全心全意认真地去接纳、品尝、投入和体验这一切。

然而大多数的人都无法专注于“现在”，他们总是想着明天、明年甚至下半辈子的事，时时刻刻都将力气耗费在未知的未来，却对眼前的一切视若无睹，便永远也不会得到快乐。

当你存心去找快乐的时候，往往找不到，唯有让自己活在“现在”，全神贯注于周围的事物，快乐才会不请自来。人生无常，很多事情都不是我们能预料的，我们所能做的只是把握当下，珍惜拥有。

“心不欲杂，杂则神荡而不收”。现在的人一心想要心无杂念，但终究也没有办法达到完全没有杂念的境界。其实只要先前的杂念不存在心中，对于未来的杂念不会生起，只将现有的杂念随着机缘打发掉，自然能渐渐达到无杂念的境界。

空心空身，保持一颗清静心

人人避暑走如狂，独有禅师不出房；
非是禅房无热到，为人心静身即凉。

——白居易

某天，几个弟子为了“大悟”一意，争得面红耳赤。于是，他们几个一起来到智禅大师的栖室，问道：“这世间，何谓‘大悟’呢?”智禅大师微笑着说：“大悟自在心静中。”此时，那几个徒弟颇有些迷惑。

午膳之前，智禅大师带着那几个弟子，来到后山的李子林里。树头上的李子大都熟透了，紫里透红的浆果，散发出一缕缕诱人的芳香。智禅大师吩咐两个弟子从树上采摘了一竹篓李子。尔后，他让在场的每一位弟子品尝，李子的汁液像蜜汁一样甘甜。待吃完之后，智禅大师带着弟子走到一个小小

的水潭前，他俯身掬起一捧潭水喝了起来。然后，他让弟子们也尝一下。

弟子们纷纷仿效师傅的样子，喝了几口潭水后，便咂巴几下嘴。智禅大师问：“小潭的水质如何呢?”弟子们又用舌头舔了舔嘴唇，回答说：“小潭里的水，比我们舍近求远担来的水甜多了。往后，我们可以到这小潭来担水吃呀!”这时候，智禅大师便让一个弟子提了一木桶潭水。然后，他们回到寺院。午膳之后，智禅大师让每一个弟子都重新来品尝一下从后山小潭打回来的水。

弟子们尝过之后，大都将水从口里吐了出来，一个个都皱起了眉头。因为，这些水很涩，而且满是一股腐草味儿。智禅大师解释道：“为什么同一个小潭里的水，却有两种不同的滋味呢?因为你们先前品尝的时候，都吃过李子，口里留有李子的余汁，所以就把这水的涩给掩盖了。”众弟子们都认同地点了点头。

智禅大师看了看面前的徒弟，意味深长地说：“这世上有些事情，即使你我亲自体验过，也未必触及到它们的本质。因为往往有些事情，一时会被繁华的假象给迷惑了，‘大悟’就是这个道理呀！你我必须有一颗平静的心，抛却那些虚荣和繁华……”

人生会遭遇许多事，其中很多是难以解决的，这时心中被盘根错节的烦恼缠住，茫茫然不知如何面对。如果能静下心来思考，往往会恍然大悟，心静则一切豁然开朗。

世上本无事，庸人自扰之。大凡终日烦恼的人，实际上并不是遭遇了多大的不幸，而是自己的内心对生活的认识存在片面性，心无力而已。真正聪明的人即使处在烦恼的环境中，也能够自己寻找快乐。

烦恼的情绪就像我们心灵花园中的垃圾，要给予清理。想要消除夏天的暑热，根本不需要特殊的方式，只须消除烦躁不安的情绪，身体就宛如坐在凉亭上一般凉爽；要想摆脱贫穷也不需要特殊的方式，只要能驱逐为贫穷而忧愁的错误观念，心境就宛如生活在快乐世界一般。

有了清静心，遇到失意之事能治之以忍，遇到快心之事能视之以淡，遇到荣宠之事能置之以让，遇到怨恨之事能安之以忍，遇到烦乱之事能处之以静，遇到忧悲之事能平之以稳。

一个人的大清静，不是寂静无声、死气沉沉，而是看透繁华后的欢喜。当落英成泥，漫天的白雪便是最美的景色；当地瓜不在，周围的石头也能在心中散发出香甜。一心清净，即使是冰天雪地、万物沉眠，心里的莲花也能处处开遍。

在忙碌、纷扰的生活中保持一颗清静的心，这是每一个人必须谨记在心的真理。人的心灵就是一方广阔的天空，它包容着世间的一切；心灵是一片宁静的湖水，偶尔也会泛起阵阵涟漪；心灵是一块皑皑的雪原，它辉映出一个缤纷的世界。舍弃了无谓的烦恼，保持内心的清净，我们才能享受到生活的美好和幸福。

看淡得失， 不困于心

有得必有失，有失必有得，事多无兼得者。

——《论语》

世事无常，如果我们有颗平常心，世间的一切，有也好，无也好，都看作镜花水月。有，固然可以生活无忧；无，也可以心灵自在。

薛泽通先生曾在书中写道：“你如果以挑剔的心态、灰色的心态去看待人生，你就觉得人生真是千疮百孔，一无是处；如果你以平常的心态、超然的心态去看待，你就觉得一切苦难和幸福都很正常；如果以审美的心态、艺术的眼光去看待，你就觉得所有经历都是一笔财富，人生就是一场大戏：丰富、完美而滋润。”

如此看来，我们人生中快乐的主动权，命运的掌控权，完全把握在自己手中。只要不把得失看得过重，不要总是把这些不快乐挂在心上，生活中就会充满快乐。

“有得必有失，有失必有得，事多无兼得者”。人生的得到与失去，相辅相成，也正是因为这样我们的生活才会更丰富多彩。

山里有一位以砍柴为生的樵夫，他辛苦经营，终于盖了一间木屋。有一

天他外出去砍柴，房子起火了，邻居们纷纷帮忙救火。但是由于当时风势较大，根本救不下，所以大家眼睁睁地看着木屋被烧毁。

当一切烧尽后，樵夫回来了，看到这种情况后，他一一谢过大家的帮忙，然后自己拿着一根棍子，跑到灰烬中去翻找一番，邻居们以为他是在找什么金银珠宝，就都在旁边默默地看着他。

当樵夫从灰烬中走出来时，邻居们看到他手里拿着的是一柄砍柴的刀。他笑着说："只要有这柄柴刀，我还可以建造一间更好的木屋。"邻居们虽然觉得很可惜，但依然被他乐观的精神所感动。在大家的帮助下，没过多久，樵夫便很快又建起一间小木屋。

樵夫的故事给了我们一个启迪，用我国的一句老话说就是"留得青山在，不怕没柴烧"。故事中的樵夫知道，自己的房子被烧了，这是客观现实，回避不了，那就必须面对；同时他也知道，悲伤是次要的，自己此时再伤心也不可能变出一间房子来，不如把握关键，柴刀才是重要的。

生活中同样如此，在经历过一些失败和坎坷后，我们只有乐观，才能振作，才能重新开始。

我国唐代大诗人杜甫也曾说："文章天下事，得失寸心知。"这句话的意思是说，文章是天下的大事，成败得失只有自己知道。对我们的人生来说，成败得失与烦恼快乐随时都会伴随着我们。

不论人生得意的时候，还是人生失意的时候，我们都应当以乐观的心态来对待，这样我们才会在得意之时保持淡然，在失意之时保持坦然。只有一直以一颗平常心来对待生活，我们的人生才能活出境界。

其实，人要有所得，必然会有所失，只有当我们看淡得失，愿意舍弃一些东西的时候，我们才会得到更多。的确，是得是失，关键是看人们如何把握自己的内心，把握自己的人生。如果能够看淡得失，不要过于挂心，那么，我们就会发现，人生会更有意义，我们的品格会更有厚度，快乐也会更加丰满。

遇事不惊， 泰然处之

喜怒哀乐之未发谓之中，发而皆中节谓之和。

——《礼记》

在天地眼中，万事万物无明确的对错之分，天地只是冷眼旁观世间一切而已，它不介入，任事物之自然。天地生万物，是自然而生，自然而有。天地无心而平等生发万物，万物亦无法自主而还归于天地。

所以古语有云："天地不仁，以万物为刍狗。"即天地并没有特意立定一个仁爱万物之心而生长万物，只是自然而生，自然而有，自然而灭。从天地的立场来看，一律同仁，万物与人类都不过是自然、偶然、暂时存在，最终将归于还灭的"刍狗"而已。

人的心神也如天地生万物一样，有一个喜怒哀乐的自然之状，这些都是人体所不能少的。遵照自然的天性，该喜时则喜，该怒时则怒，不要受外物所牵累。

东晋时，王家是大家族，社会地位很高，因此当时的太尉郗鉴就想在王家挑选女婿。郗鉴有个女儿，才貌双全，郗鉴爱如掌上明珠。这么一个宝贝女儿，一定要找个门当户对的人家。郗鉴觉得王家与自己情谊深厚，又同朝为官，听说他家子嗣甚多，个个才貌俱佳。

一天早朝后，郗鉴就把自己择婿的想法告诉了王丞相。王丞相说："那好啊，我家里子嗣很多，就由您到家里任意挑选吧。凡您相中的，不管是谁，我都同意。"郗鉴就命心腹管家带上重礼到了王丞相家。王府子弟听说郗太尉派人觅婿，都仔细打扮一番出来相见。寻来觅去，一数少了一人。

王府管家便领着郗府管家来到东跨院的书房里，就见一个袒腹的青年人仰卧在靠东墙的床上，似乎对太尉觅婿一事无动于衷。郗府管家回去向郗鉴报告："王家的少爷个个都好，他们听到了相公要挑选女婿的消息以后，个个都打扮得

齐齐整整，循规蹈矩，唯有东床上有位公子，袒腹躺着，若无其事。”郗鉴说：“那个人就是我所要的好女婿！”于是马上派人再去打听，原来那人就是王羲之。郗鉴来到王府，见到王羲之既豁达又文雅，才貌双全，当场择为快婿。

王羲之并不因有人来挑选女婿就刻意打扮自己，这就是显其真。以真示人的人一定不会丢失自己，所以王羲之被选中了。

真正成功的人生，不在于成就的大小，而在于是否活出自我。生命就是如此简单，就好像一杯水，水本身清澈透明，无色无味，对任何人都一样。不过在饮入时，每个人都有权利加盐、加糖，或是其他，只要自己喜欢，这是每个人生活的权利，全由自己决定。

但是，在欲望的驱使下，人们或许会不停地往水中加入各种东西，这种情况下，必须懂得适可而止。“喜怒哀乐之未发谓之中，发而皆中节谓之和”。喜怒哀乐是天性使然，兴起过后也要随自然而消失，不要过分夸大，以此违背自然的规律。

不怨天尤人，不沉迷于功名利禄，实实在在地做事，规规矩矩地做人，泰然地接受自然的赐予，回报自然以真心，就是如此单纯。

浓处味常短，淡中趣独真

悠长之趣，不得于浓酽，而得于啜菽饮水；惆怅之怀，不生于枯寂，而生于品竹调丝。故知浓处味常短，淡中趣独真也。

——《菜根谭》

有这么一位行吟诗人，他一生都住在旅馆里。他不断地从一个地方旅行到另一个地方。他的一生都是在路上、在各种交通工具和旅馆中度过的。当然这并不是因为他没有能力为自己买一座房子，这是他选择的生存方式。

后来，鉴于他为文化艺术所作的贡献，也鉴于他已年老体衰，政府决定免费为他提供住宅，但他还是拒绝了，理由是他不愿意为房子之类的麻烦事情耗费精力。就这样，这位特立独行的行吟诗人，在旅馆和路途中度过了自己的一生。

他死后，朋友为他整理遗物时发现，他一生的物质财富就是一个简单的行囊，行囊里是供写作用的纸笔和简单的衣物；而在精神财富方面，他给世界留下了十卷优美的诗歌和随笔作品。

这位诗人的一生清淡而有意义，没有太多不必要的干扰，没有太多欲望的压迫，这是一种纯粹的人生。

人来到这个世界后，一开始无忧无虑，因为需求的东西少，负担少，所以得到的快乐也就多。随着自己想要得到的东西不断地增加，要求不断地提高，各种各样的负担和烦恼也由此而生，除了苦苦追寻要得到的一切之外，再也没有时间去想自己是不是过得快乐。到了最后，终于明白了这个问题，但生命的脚步却越走越远。

《菜根谭》说“浓处味常短，淡中趣独真”。可见，恬淡之处，才是真正的玄机奥妙所在，看是滋味冲淡，但却俗中有雅，精妙绝伦。如淡茶中有悠长韵味，俚曲中有雅致之韵。

很多人对“平淡”有一定的误解，觉得“平淡的生活”就是清淡和贫苦，是受罪的代名词。可并不是奢华的东西才能令精神富有，也并不是要拥有大房子才能够充盈我们的心灵。有时候，一顿简单的晚餐，一句简单的问候，一张简单的卡片，或者一首简单而又甜美的小诗，就能够满足我们的内心，让我们感受到生活的幸福。

如果一个人始终在追求奢华生活，那么欲望就会蚕食他的性灵，烦恼就会无时无刻不在他身边徘徊。人生要自然而然，不要为形式所烦恼，心中无得也无失，平平静静，恬淡舒适，这就是幸福的生活。

生活不需要很奢华，拥有一颗淡泊而又平常的心就可以恰到好处地诠释幸福。平常心贵在平常，波澜不惊，生死不畏，于无声处听惊雷，平常心是一种超脱眼前得失的清静心、光明心。贫贱不能移，富贵不能淫，威武不能屈。安贫乐富，富亦有道。无论处于何种环境下，都能拥有平常心，那一定是个了不起的人。

平常心，看似平常，实不平常。当你用一颗平常心去对待生活时，你就会发现任何的惆怅悲恨、孤独困苦都已远去。真情与幸福，就在你身

边。所以说，平平淡淡就有如淡月清风一样来去不觉，生活，就会自在而又真切。

放下欲念， 化繁为简

万物之始，大道至简，衍化至繁。

——《道德经》

人的一生难免会有许多欲望和追求。但是过多的不必要的东西除了满足我们的虚荣心外，还有可能成为负担。生命之舟需要轻载，人起初或许不懂这个道理，于是每走一步都给自己的人生增添负累。

“万物之始，大道至简，衍化至繁”。天地之始，一切都是最简单的。放不下欲望的包袱，怎么可能得到轻松的生活呢？当你觉得生活不堪重负时不妨学会卸载：将自己的烦恼和包袱一一勾销，减去一些自己不需要的东西，让自己的心态归零。有时候简单一点，人生或许会觉得更加踏实。

懂得简单生活的人就善于做生活的减法，放下欲望的包袱，减去一些生活中不必要的内容。简单生活不是贫乏或缺少内容，而是繁华过后的一种觉醒，是一种去繁就简的境界。

有一次，哲学家带着他的学生来到了一个山洞里，打开了一座神秘的仓库。这个仓库里装满了放射着奇光异彩的宝贝。仔细一看，每件宝贝上都刻着清晰可辨的字，分别是：骄傲、嫉妒、痛苦、烦恼、谦逊、正直、快乐……这些宝贝是那么漂亮，那么迷人。这时哲学家说话了：“孩子们，这些宝贝都是我积攒多年的，你们如果喜欢的话，就拿去吧！”

学生们见一件爱一件，抓起来就往口袋里装。可是，在回家的路上他们才发现，装满宝贝的口袋是那么沉重，没走多远，他们便感到气喘吁吁，两腿发软，脚步再也无法挪动。哲学家又开口了：“孩子们，还是丢掉一些宝贝吧，后面的路还很长呢！”“骄傲”丢掉了，“痛苦”丢掉了，“烦恼”也丢掉了……口袋的重量虽然减轻了不少，但学生们还是感到很沉重，双腿依然像灌了铅似的。

“孩子们，把你们的口袋再翻一翻，看看还有什么可以扔掉一些。”哲学家再次劝那些孩子们。学生们终于把最沉重的“名”和“利”也翻出来扔掉了，口袋里只剩下了“谦逊”“正直”和“快乐”……一下子，他们有一种说不出的轻松和快乐。

故事中的哲学家所倡导的是一种去繁就简的人生，没有太多欲望的压迫，是一种简单而又纯粹的人生。

一个懂得简单生活的人，他会心无旁骛，并善于将可能引起忧思苦恼及妨碍行进的事物丢弃掉，不让它干扰自己的身心和脚步。

电脑系统中安装的应用软件越多，电脑运行的速度就越慢；并且在电脑运行的过程中，还会有大量的垃圾文件、错误信息不断产生，若不及时清理掉，不仅影响电脑的运行速度，还会造成死机甚至整个系统的瘫痪。所以必须定期地删除多余的软件，清理掉那些无用的垃圾文件，这样才能保证电脑的正常运转。

我们的生活和电脑系统的情况十分类似，如果你想过一种简单快乐的生活，就不能背负太多不必要的包袱，要学会删繁就简。

生活其实很简单，就跟吃饭一样，把吃饭的问题搞明白了，也就把所有的问题都搞明白了。聪明者吃饭既不会点得太多，也不会点得太少，他知道能吃多少，就点多少，他能估计自己的食量；愚昧者则贪多求全、拼命点菜，什么菜贵点什么，什么菜怪点什么，等菜端上来时眼花缭乱，即使勉强吃下也消化不了，反而祸害了自己的胃。

世间光怪陆离的东西实在太多，而人的生命和精力都是有限的，不能把一切想要的东西收入囊中。欲望是填不满的沟壑，减省一分，超脱一分；减却一事，轻松一世，这未尝不是一种智慧的生活。

拂去心尘，认清自己

且举世誉之而不加劝，举世非之而不加沮。定乎内外之分，辨乎荣辱之境，斯已矣。

——《庄子》

三国时魏国文学家傅嘏很有名气。曹魏正始年间，名士何晏、夏侯玄都希望能够和傅嘏成为朋友，并想和他有深入的交往，但是傅嘏总是以各种理由保持和他们的距离，所以二人都未曾如愿。

有一天荀粲耐不住心中的困惑便对傅嘏说："何晏、夏侯玄都是非常有才干的人，他们对您也是敬重有加。如果您能和他们像当年的蔺相如、廉颇一样成为朋友，并和睦相处，那么无论对你们个人还是对国家都是一件好事。可是您为什么总是不愿与他们接近呢？"

傅嘏说："夏侯玄虽然有名望，但是他爱慕虚名，而且总是说些心口不一的话，长此以往，这样的人一定会成为使国家灭亡的罪人。而何晏虽有志向，但心气浮躁，凡事不求甚解，而且他们有趋炎附势的倾向却不自知不自戒。另外，这些人都党同伐异，嫉妒成性，对人根本无情谊可言。所以在我看来这些人并不像你说的那么优秀。他们不过是失去本真、败坏道德的小人罢了。对于这样的人我躲还来不及呢，哪还敢跟他们接近呀！"

何晏、夏侯玄的心被外物蒙蔽，失去了本真。和这样的人交朋友会让人有时时刻刻被人利用、算计的感觉，所以傅嘏才会避之不及。

其实本真被外界诱惑的人不仅不会交到益友，还会在很多方面失去快乐和幸福。避免这种状况的唯一方法是抵制住外物对本真的侵扰，坚定地把持住自己的心性，从而把握住自己的命运。

在《庄子·逍遥游》有这样一句话："且举世誉之而不加劝，举世非之而

不加沮。定乎内外之分，辨乎荣辱之境，斯已矣。”意思是说：世上的人们都赞誉他，他不会因此越发努力；世上的人们都非难他，他也不会因此而更加沮丧。他清楚地划定自身与外物的区别，辨别荣誉与耻辱的界限，不过如此而已呀！一个人只要达到这种境界，就不会总是受外界的干扰，就能够真正把握自己的命运，就能自由地追求属于自己的幸福。

其实，人们做起任何事情只要不违逆事物的内在规律，并能把握住自己想要的，生活也就变得单纯多了。人要依据自己的心，做出自己的判断，这样，才能在不断变换的外界境遇中，不为所动，不陷入慌乱被动。就如庖丁，自己心中对牛的身体构造了如指掌，所以常人看上去十分复杂的问题，他却能得心应手。

所以说，心不动才能真正认清自己，遇到顺境不动，遇到逆境也不动，不受任何外在的影响，做人才能游刃有余。现代人的状况大多相反，遇到顺境的时候高兴得不得了，遇到逆境的时候痛苦得不得了，这就带来许多痛苦。

确实，别人的喜好不代表自己的喜好，别人的见解也未必就很客观。一味地听从别人的意见，会迷失自我，进而导致一事无成，枉费心力。所以不如挥去覆盖在美妙文章的断简残篇，摒除扰乱动听旋律的妖冶之声，坚定自己的主张，聆听自己的声音。

参考文献

[1] 郑建斌. 跟鬼谷子学处世　跟菜根谭学修身 [M]. 北京：中国画报出版社，2013.

[2] 宋长河. 菜根谭大全集 [M]. 北京：外文出版社，2012.

[3] 南怀瑾. 老子他说 [M]. 上海：复旦大学出版社，2005.

[4] 曾仕强. 道德经的奥秘 [M]. 西安：陕西师范大学出版社，2012.

[5] 于丹. 于丹《论语》心得 [M]. 北京：中华书局，2006.

[6] 南怀瑾. 论语别裁 [M]. 上海：复旦大学出版社，2012.

[7] 袁立. 易经 [M]. 武汉：武汉大学出版社，2011.

[8] 孙通海. 庄子 [M]. 北京：中华书局，2007.

[9] 鲁中石. 左手曾国藩　右手胡雪岩 [M]. 北京：中国华侨出版社，2012.

[10] 郑京辉. 黄石公素书　三略图说精解 [M]. 北京：中国纺织出版社，2012.

[11] 南怀瑾. 孟子与离娄 [M]. 北京：东方出版社，2013.

[12] 陈桐生. 曾子　子思子 [M]. 北京：中华书局，2009.

[13] 冷成金. 读懂中国智慧 [M]. 重庆：重庆出版社，2012.

[14] 陈才俊. 增广贤文 [M]. 北京：海潮出版社，2011.

[15] 王国轩. 大学·中庸 [M]. 北京：中华书局，2006.